U0120916

潮州菜烹饪与营养

孙文生 主编

中国轻工业出版社

图书在版编目（CIP）数据

潮州菜烹饪与营养 / 孙文生主编. —北京：中国
轻工业出版社，2023.9
ISBN 978-7-5184-4487-8

Ⅰ.①潮…　Ⅱ.①孙…　Ⅲ.①菜谱—潮州
Ⅳ.①TS972.182.653

中国国家版本馆CIP数据核字（2023）第129855号

责任编辑：方　晓　贺晓琴　　责任终审：劳国强　　整体设计：锋尚设计
策划编辑：史祖福　方　晓　　责任校对：朱燕春　　责任监印：张　可

出版发行：中国轻工业出版社（北京东长安街6号，邮编：100740）
印　　刷：鸿博昊天科技有限公司
经　　销：各地新华书店
版　　次：2023年9月第1版第1次印刷
开　　本：889×1194　1/16　印张：11.25
字　　数：252千字
书　　号：ISBN 978-7-5184-4487-8　定价：138.00元
邮购电话：010-65241695
发行电话：010-85119835　传真：85113293
网　　址：http://www.chlip.com.cn
Email：club@chlip.com.cn
如发现图书残缺请与我社邮购联系调换
230652K9X101ZBW

本书编委会

◆

主　　编　孙文生

副 主 编　蔡美光　黄武营

参　　编　（按姓氏拼音排序）

　　　　　陈楚杰　陈国辉　陈俊生　陈文标　陈育楷

　　　　　陈泽标　方树光　黄　霖　蓝照华　刘宗桂

　　　　　罗喜亮　彭显海　邱少波　苏培明　王鸿鑫

　　　　　吴前强　谢炯炯　张　生　邹　奇

执笔人员　（按姓氏拼音排序）

　　　　　蔡　哲　洪礼慧　叶灵波

前言

　　潮州菜发源于潮州，是粤菜的一个分支，具有鲜明潮州地域特色，是体现潮州饮食文化的地方菜品，凭借其悠久历史和独特风味饮誉海内外。2020年10月，习近平总书记视察潮州时，对潮州菜作出高度评价："潮州有很多宝，潮绣、木雕、潮剧、工夫茶、潮州菜等，都很有特色，弥足珍贵，实属难得"。

　　如何深入贯彻落实习近平总书记视察广东、视察潮州的重要讲话精神，讲好"中华料理"故事，提升"粤菜师傅"工程影响力，这是摆在我们面前的重大课题。

　　潮州菜是拥有旺盛生命力的一朵饮食奇葩，它从潮州绵延千年的历史精粹里凝练而来，在精益求精的潮州文化中浸润完善，在一代代潮州菜厨师的劳动实践中不断创新发展。近年来，潮州市人力资源和社会保障局大力推动潮州菜技能人才培养，开展了多场形式多样的主题活动和精彩纷呈的大赛，组织潮州菜人才参加技能提升，助力潮州菜的推广和发展。当下，从文化底蕴到烹饪工艺，从工匠精神到健康饮食理念，潮州菜均具有深入挖掘、发扬活用的社会价值与经济价值。

　　饮食健康是人民健康必不可少的重要一环。近年来，随着我国经济社会的不断发展，大众健康养生意识觉醒，居民健康需求呈现多元化、精细化发展态势。潮州菜在长期的发展中形成清淡为主、荤素搭配、适口宜人的特色，在食材的选择、搭配以及烹制方法等方面，处处体现着健康饮食、养生食疗的理念，符合现代的健康饮食标准，在潮州菜产业高质量发展进程中可发挥重要作用。

因此，聚焦"讲好潮州菜故事"，潮州市人力资源和社会保障局特组织高水平潮州菜厨师专家团队着手收集整理潮州菜菜品，编撰《潮州菜烹饪与营养》一书，从传统经典名菜和已发布的潮州菜团体标准中确定72道不同原料与做法的潮州菜，将其作为研究对象，深入探究潮州菜菜品的烹饪工艺、营养价值、食疗功效。

同时，我们把传统健康饮食的理念和营养学、医学的理念进行科学结合，在菜品标准化烹饪工艺的基础上，由华南农业大学食品学院专家团队，对72道菜品的主要营养成分进行测定分析，并制订每道菜肴的营养成分参考值。在传统健康饮食理念的基础上，融入营养成分各取所需的新饮食理念，指导消费者根据自身的情况选择适合自己的菜品，依据明确的膳食目标有针对性地调整膳食结构，从而达到健康饮食的要求。

以《潮州菜烹饪与营养》为"小切口"，推动潮州菜产业高质量发展"大工程"。我们将进一步深入贯彻广东省委省政府、潮州市委市政府的工作部署，加快推动"粤菜师傅"工程的落实，擦亮"潮州菜"金字招牌，打造潮州名片。

编者

2023年1月

壹

潮州菜的养生之道

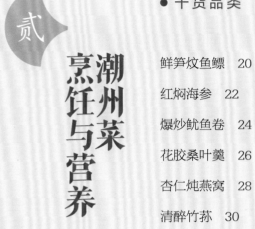

● 果蔬甜品类

壹

潮州菜的养生之道

潮州菜为粤菜三大流派之一，迄今已有上千年的历史。

盛唐之后，受中原烹饪技艺的影响，潮州菜逐步形成独特的地方菜系。至明末清初，潮州菜的发展进入鼎盛时期，潮州城内名店林立，名师辈出，名菜纷呈。近代，由于潮籍海外华侨的往来，潮州菜博采海内外名食之精华，菜式更加丰富多彩，质量更加精益求精。时至今日，潮州菜已经发展成为独具岭南文化特色、驰名海内外的中华料理。

潮州菜选料考究、刀工精细，且烹调方式多样，着意追求色香味俱全，具有清、淡、鲜、嫩、巧、雅等特色。在菜肴出品上，潮州菜讲究原汁原味、制作精细以及健康养生，而这与现代健康饮食标准基本一致。

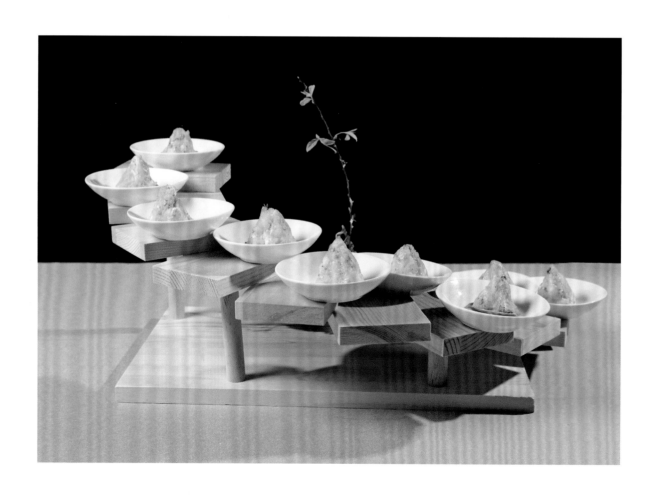

一 ◆ 注重原味，烹饪精细

以清淡为主基调的潮州菜，注重食物的原汁原味，以少盐、少糖、少油为烹饪主轴，在烹饪手法上，少用烧、烤、腊、熘、酱等，而多侧重于蒸、炖、灼、炒、焖、熬等方式。

保持食材原汁原味，首先需要保证食物的新鲜度。在拥有独特地理位置，坐拥山海物产的潮州，烹制菜品追求时令、鲜活。刚刚从地里摘来的鲜嫩翠绿的蔬菜，刚刚从水里钓出的活蹦乱跳的水产，是潮州菜的最佳食材。

除了食材的新鲜度，潮州菜还非常重视蔬菜、水产的生长季节，讲究"不时不食"。

春天来了，潮州菜厨师将鲜嫩的桑叶做成桑叶羹，将甘凉爽口的苦刺心加入肉丸，不仅让食客品尝清香的蔬菜美味，还能清热解毒、消除疲劳等。

在长期的劳动实践中，潮州人已摸清了适合入菜的海产特性，在食用鱼类方面还编出了"时令鱼谣"：正月带鱼来看灯、二月春只（黄姑鱼）假金龙、三月黄只（雀）遍身肉、四月巴浪身无鳞、五月好鱼马鲛鲳、六月沙尖上战场、七月赤棕穿红袄、八月红鱼（鲱鲤）做新娘、九月赤蟹一肚膏、十月冬蟳脚无毛、十一月墨斗收烟幕、十二月龙虾持战刀。

潮州菜厨师们认为，只有保持食物的原生态特性，才能最大限度保障食物的天然营养，在最对的时令，选择最新鲜最肥美的食材，用最合适的方式把它制成美食。

最合适的方式主要指的是烹饪方法。不同的烹饪方法对食物营养有不同程度的影响。潮州菜讲究烹饪方法，要尽量减少对食物原味的破坏，辅料不宜减弱、破坏主料的本味，做到相得益彰，因此较多使用炊（蒸）、焖等烹饪方式。

"炊"在潮州特指"蒸"的烹饪方式，如生炊龙虾、生炊麒麟鱼等。将经过调味后的食品原料放在器皿中，再置入蒸笼利用蒸汽使其成熟，这种方法做出来的菜品肉质脆嫩而不面，最大限度地保留食物的营养成分，将水溶性蛋白质和水溶性维生素营养的流失降到最低。

焖的主要特色是先用旺火分解食材纤维，然后改用慢火收汤，使食材逐渐吸收配料和酱料的精华，融为一体。以文火长时间加热，不仅能够有效保留原料中的脂肪、糖分和蛋白质等一系列营养物质，还会使这些物质的温度逐渐升高，发生热变反应，继而使原料更加软烂易嚼，使食物更易被人体消化吸收，提高食物的利用率。

二 ◆ 注重搭配，营养均衡

根据《中国居民膳食指南（2022）》，平衡膳食有八大准则，其中第一项即为食物多样、合理搭配。此项准则也是长期以来潮州菜厨师准备菜品的第一准则。

在潮州人的家庭餐桌上，汤水跟蔬菜是必备项，如果一顿饭没有汤或者没有青菜，大多数潮州人会认为这顿饭没有吃好。而在潮州人的宴席上，菜品的合理搭配更为重要。多人聚餐，菜品少则八道，多则十几道，讲究有荤有素、有菜有汤、有咸有甜。

从食材上，一桌菜品往往兼顾水产、畜肉、禽肉、蔬菜瓜果等，保证食物的多样性。从口味上，兼顾咸鲜、清甜、浓香、清淡等味觉感受，口感上或清鲜或爽脆，足以调动胃口，开启胃的受纳功能。

潮州菜极为重视汤品，追求清淡鲜美和营养价值。一般每餐都要配备多道独具特色的汤品，穿插在整个宴席过程中间。干湿搭配，浓淡相间，既增进食欲，又清肠洗胃，化瘀保健。进餐过程中还会呈上工夫茶，不仅有帮助消化、消除油腻的作用，而且能清热生津、清心醒神，令人精神爽利。

在菜量上，潮州菜讲究少而精，在食量上进行总量控制，不超出个人消化能力的负荷，避免暴饮暴食。

三 ◆ "医食同源""药食同用"

中国传统医学的食疗养生理论是"医食同源""药食同用"。潮州菜虽无药膳之名，却有药膳之实，善于利用各种食材的食补食养价值。

潮州菜宴席开始前，厨师们往往会先呈上养生热饮，比如潮州三宝水、橄榄糁水、咸梅水、莲叶水、沙参玉竹水等，这些特调饮品使用的是普通却有独特功效的食材，比如潮州三宝，是佛手老香黄、老药橘和黄皮果，具有生津润喉、消食健胃的功效。

很多潮州美食是用滋补药品兼食品的时令作物作为主料的，如百合、芡实、莲子、桑叶、杏仁等，因其本身具有食补食养价值，制作出来的菜品也具有养生滋补的功效。比如将春天鲜嫩的桑叶做成桑叶羹，享受美味的同时，也可起到清肺润燥、清肝明目等作用。

在烹制潮州汤品时，厨师们讲究主辅料搭配得当，常加入能够发挥滋阴、清补、祛湿、养气、养血等功效的食药材，比如天麻、人参、当归等。不同的季节要食用不同的汤品，比如春季适合清热祛湿，夏季适合清热祛暑，秋季适合清燥润肺，冬季适合温补强体。

橄榄炖猪肺是一道经典的潮州菜养生汤品。橄榄是潮州特色食材，富含多种维生素以及钙、钾等多种微量元素，具有利咽消肿、生津止渴、促进消化等功效，将猪肺与橄榄炖汤后食用，可补充营养，增强气血，同时补肺润燥、健脾益胃。

贰

潮州菜烹饪与营养

干货品类

鲜笋炆鱼鳔

红焖海参

爆炒鱿鱼卷

花胶桑叶羹

杏仁炖燕窝

清醉竹荪

鲜笋炆鱼鳔

材 料

- **主料** 油发鱼鳔100g，笋肉200g。

- **辅料** 猪五花肉50g，湿香菇20g，虾米5g，红辣椒5g，芹菜10g，蒜头10g，姜10g，
  葱10g。

- **调料** 味精5g，鱼露5mL，胡椒粉2g，鸡粉2g，生粉15g，上汤200mL，芝麻油3mL，
  料酒10mL，芝麻酱5g。

2 烹饪方法

① 将油发鱼鳔放入清水中浸泡至涨发，切成4cm的块状。

② 将芹菜切段，红辣椒切菱形块，猪五花肉切厚片，湿香菇切角，蒜头去头尾切半。

③ 将笋肉去除外壳等不可食用部分。将笋肉冷水下锅小火熬煮至熟后，取出改刀为3cm大小的菱形块。

④ 鱼鳔加入姜、葱、料酒焯水2min，捞出洗净后控干水分。

⑤ 烧热铁锅，放入猪五花肉煸炒，待出油时加入香菇、虾米、蒜头，炒出香气时加入上汤，大火烧开后加入鱼露、胡椒粉、鸡粉进行调味，投入处理好的鱼鳔及笋块，转小火焖煮10min后加入芹菜段、红辣椒及芝麻酱，用生粉勾芡，最后加入芝麻油、包尾油，翻拌均匀装盘即成。

3 主要营养成分

项目	每100g	营养素参考值（NRV）
能量（kcal）	63	3.1%
蛋白质（g）	14.2	23.7%
脂肪（g）	5.3	8.8%
碳水化合物（g）	4.5	1.5%
膳食纤维（g）	0.7	2.8%
胆固醇（mg）	10	3.3%
钠（mg）	191.6	9.6%
钾（mg）	155.4	7.8%
钙（mg）	19	2.4%
铁（mg）	0.9	6.0%
锌（mg）	0.36	2.4%

4 主要营养价值

竹笋含有丰富的磷、镁、铁、胡萝卜素、维生素B$_1$、维生素B$_2$、维生素C等，其中胡萝卜素含量比大白菜含量高一倍多，竹笋还具有低脂肪、低糖、多纤维的特点。鱼鳔含有丰富的胶原蛋白质，并含有多种维生素及钙、锌、铁、硒等多种微量元素，可改善人体营养状况并促进新陈代谢。此道菜品香鲜浓郁、软嫩滑口，蛋白质含量丰富。

烹饪示范视频

红焖海参

🥢 材　料

- **主料**　泡发海参500g。

- **辅料**　湿香菇75g，笋尖100g，猪五花肉200g，老鸡肉200g，虾米10g，生粉15g，
  芫荽头30g，甘草2g。

- **调料**　食用盐5g，味精5g，胡椒粉2g，姜10g，葱10g，生抽6g，老抽2g，
  芝麻油5mL，料酒10mL，上汤1000mL，香醋10mL。

1. 将海参清洗干净，切成长约6cm、宽约2cm的块，与姜、葱、适量料酒一同下锅用水煮沸，焯水5min去除海参腥味后洗净待用。

2. 将猪五花肉、老鸡肉各斩成块，笋尖切块。

3. 砂锅用竹篦垫底。将猪五花肉、老鸡肉投入炒锅中煸炒至表面金黄，溅适量料酒，加入芫荽头、甘草、生抽、老抽、上汤，烧开后倒入砂锅内。将海参、香菇、虾米放入炒锅中煸炒出香味，倒入砂锅中。

4. 砂锅先用旺火烧沸后用文火炆约40min，海参炆至软烂后，取出海参、香菇、虾米，盛入汤碗，砂锅中原汤滤出待用。

5. 将笋尖煸炒后加入海参、香菇、虾米、原汤，烧开后用食用盐、味精、胡椒粉进行调味，用生粉兑水勾芡，加入芝麻油、包尾油翻炒均匀即可。

6. 上席时跟上香醋2碟。

3 主要营养成分

项目	每100g	营养素参考值（NRV）
能量（kcal）	77	3.8%
蛋白质（g）	4.5	7.5%
脂肪（g）	8.3	13.8%
碳水化合物（g）	1.2	0.4%
膳食纤维（g）	0.2	1.0%
胆固醇（mg）	34	11.3%
钠（mg）	179.3	9.0%
钾（mg）	78.5	3.9%
钙（mg）	62	7.7%
铁（mg）	0.5	3.3%
锌（mg）	0.42	2.8%

4 主要营养价值

海参富含蛋白质、钙、碘、磷、铁、锰，含有较多的不饱和脂肪酸。食用海参可起到补气养血、保护心血管、抗肿瘤的功效。此菜品加入香菇、笋尖、五花肉、老鸡、虾米等，可补充更为全面的营养。

烹饪示范视频

爆炒鱿鱼卷

 材 料

- **主料**　浸发干鱿鱼400g。

- **辅料**　笋花30g，湿香菇25g，红辣椒5g，葱段10g。

- **调料**　味精5g，胡椒粉1g，鱼露5mL，生粉3g，芝麻油1mL，料酒1mL，上汤10mL，
  猪油500g（约耗75g）。

② 烹饪方法

1. 将鱿鱼剞上十字花刀，深度为厚度的2/3，然后切成底边约3cm，长约5cm的长方块。

2. 将湿香菇、红辣椒、笋花切片待用。

3. 将上汤、鱼露、味精、胡椒粉、芝麻油和生粉水（生粉约占10%）调成碗芡，鱿鱼抹上湿生粉（生粉约占80%）。

4. 热锅，倒入猪油，猛火烧至约100℃，将鱿鱼片倒入，打散，再倒入笊篱沥去油。

5. 锅内留少量猪油，放入葱段、笋花、香菇、辣椒中火炒至八成熟，投入鱿鱼，用芡汁勾芡，最后加猪油15g炒匀，装盘即成。

③ 主要营养成分

项目	每100g	营养素参考值（NRV）
能量（kcal）	167	8.3%
蛋白质（g）	12.3	20.5%
脂肪（g）	12.2	20.3%
碳水化合物（g）	2.3	1.0%
膳食纤维（g）	0.3	1.2%
胆固醇（mg）	14	4.6%
钠（mg）	268.4	13.4%
钾（mg）	38.1	1.9%
钙（mg）	31	3.9%
铁（mg）	0.6	4.0%
锌（mg）	1.09	7.3%

④ 主要营养价值

鱿鱼富含蛋白质、钙、磷、维生素A、维生素B_1、牛磺酸等营养成分。此道菜品蛋白质、脂肪含量高，具有防治贫血、改善肝脏功能、强身健体等功效。

烹饪示范视频

花胶桑叶羹

材 料

- **主料** 桑叶300g，水发花胶200g。

- **辅料** 干贝20g，枸杞5g，湿粉水20mL，姜片10g。

- **调料** 味精5g，食用盐10g，胡椒粉2g，鸡油20mL，上汤300mL。

1. 桑叶取嫩叶放入开水锅中，焯水至断生，捞出放入冰水中浸泡。

2. 干贝加入适量上汤、鸡油、姜片，入蒸笼中蒸15min，取出干贝用刀压成丝待用。

3. 桑叶挤干水分后放入榨汁机，加入上汤榨桑叶汁，过滤掉残渣待用。

4. 涨发好的花胶改刀成4cm×6cm片状，加入鸡油、上汤、味精、食用盐，入蒸笼小火蒸6min后取出。

5. 另起炒锅，放入鸡油，煸炒干贝丝，加入桑叶汁、花胶上汤，烧开后加入食用盐和味精进行调味，加入湿粉水勾芡，分装至汤碗中。

6. 将花胶逐个放入桑叶羹上，摆上枸杞点缀，入蒸笼小火蒸5min即可。

3 主要营养成分

项目	每100g	营养素参考值（NRV）
能量（kcal）	54	2.7%
蛋白质（g）	21.1	35.2%
脂肪（g）	4.3	7.2%
碳水化合物（g）	5.4	1.8%
膳食纤维（g）	3.8	15.2%
胆固醇（mg）	10	3.3%
钠（mg）	493.5	24.7%
钾（mg）	264.6	13.2%
钙（mg）	86	10.8%
铁（mg）	1.1	7.3%
锌（mg）	0.49	3.3%

4 主要营养价值

　　花胶含有丰富的胶原蛋白，能促进组织再生。桑叶具有很高的药用价值，可起到清肺润燥、清肝明目等功效。此道菜品含有丰富的蛋白质，膳食纤维与钙的食物营养质量指数（INQ）大于1，可补充胶原蛋白，维持皮肤弹性，延缓皮肤衰老，增强免疫力。

烹饪示范视频

杏仁炖燕窝

1 材 料

• **主料** 白燕盏50g，杏仁10g，枸杞1g。

• **调料** 冰糖约100g。

1 白燕盏先用冷水浸泡，让其吸收水分变软。将浸泡好的燕盏放入炖盅中，倒入开水并盖紧盖子令其充分浸泡，至燕盏软化完全涨发，杏仁用温水浸泡待用。

2 将涨发好的燕盏盛于碗内，加入杏仁，盖上盖，入蒸笼猛火蒸约20min取出。

3 锅中加入清水500mL煮开，加入冰糖溶化成糖水，撇去浮沫，轻轻注入盛燕窝的碗内，加入枸杞即成。

3 主要营养成分

项目	每100g	营养素参考值（NRV）
能量（kcal）	386	19.2%
蛋白质（g）	17.2	28.7%
脂肪（g）	3.3	5.5%
碳水化合物（g）	72	24.0%
膳食纤维（g）	1.1	4.4%
钠（mg）	30.1	1.5%
钾（mg）	55.9	2.8%
钙（mg）	157	19.6%
铁（mg）	1.3	8.7%
锌（mg）	0.4	2.7%

4 主要营养价值

杏仁中含有丰富的单不饱和脂肪酸，有药用价值，有祛痰、止咳平喘的功效。此道菜品清甜可口，含有丰富的蛋白质及钙，有助于镇静安神、滋阴润燥。

烹饪示范视频

清醉竹荪

❶ 材 料

- **主料** 干竹荪50g。

- **辅料** 猪五花肉100g，鸡壳1个，芹菜粒2g。

- **调料** 味精5g，食用盐5g，胡椒粉1g，鸡油30mL，上汤800mL。

2 烹饪方法

① 先将干竹荪用温水泡发，去掉黑色和杂质，再用清水漂洗干净，用开水浸泡待用。

② 将竹荪捞起挤干水分后，用刀切去头尾并切段，放进炖盅，加入鸡油、食用盐。

③ 将猪五花肉片成薄片。鸡壳轻轻打碎，焯水洗净。将猪五花肉片与鸡壳盖在竹荪上。

④ 炖盅加入上汤，放进蒸笼中火蒸30min取出，取出猪五花肉片和鸡壳，加入味精，撒上胡椒粉、芹菜粒即成。

3 主要营养成分

项目	每100g	营养素参考值（NRV）
能量（kcal）	103	5.1%
蛋白质（g）	2.8	4.7%
脂肪（g）	13.1	21.8%
碳水化合物（g）	2.5	1.0%
膳食纤维（g）	2.2	8.8%
胆固醇（mg）	12	4.0%
钠（mg）	247.8	12.4%
钾（mg）	591.4	29.6%
钙（mg）	2	0.3%
铁（mg）	1	6.7%
锌（mg）	0.26	1.7%

4 主要营养价值

竹荪是高蛋白、低脂肪的菌类，含有异多糖的多糖体。此道菜品营养丰富，具有保护皮肤、健脾益胃、降胆固醇的功效，特别是钾的食物营养质量指数（INQ）大于1，有利心脏健康。

烹饪示范视频

海鲜品类

—

明炉乌鱼
生炊麒麟鱼
蒸酿枇杷虾
爆炒明虾球
清汤鲜虾丸
芙蓉薄壳米
潮式蚝仔烙
干焗蟹塔
彩丝龙虾
油泡鲜鱿鱼

明炉乌鱼

材料

- **主料** 乌鱼750g。

- **辅料** 酸菜50g，咸水梅25g，猪白膘肉20g，姜10g，葱10g，南姜末5g，芹菜8g，红辣椒5g。

- **调料** 味精5g，食用盐5g，白醋3mL，上汤100mL。

2 烹饪方法

1. 将乌鱼宰杀，去除不可食用部位，清洗干净。

2. 将芹菜洗净切段，红辣椒、猪白膘肉、酸菜切丝待用。

3. 处理好的乌鱼用3g味精、食用盐进行腌制，放上姜、葱，入蒸笼大火蒸10min后取出，拣去姜、葱，滤出蒸鱼原汁。

4. 蒸鱼原汁加入上汤，放入芹菜段、辣椒丝、猪白膘肉丝及咸水梅、酸菜丝，入锅烧开后加入2g味精、白醋、包尾油调味。

5. 将蒸熟的鱼摆在鱼盘上，调好的汤汁倒入鱼盘中，鱼盘摆入明炉。

6. 在鱼身上撒上南姜末，明炉烧开即成。

3 主要营养成分

项目	每100g	营养素参考值（NRV）
能量（kcal）	83	4.1%
蛋白质（g）	14.2	24.0%
脂肪（g）	3.2	5.3%
碳水化合物（g）	0.4	0.1%
膳食纤维（g）	0.3	1.2%
胆固醇（mg）	71	24.0%
钠（mg）	470.3	24.0%
钾（mg）	247.4	12.4%
钙（mg）	117	15.0%
铁（mg）	0.5	3.3%
锌（mg）	0.63	4.2%

4 主要营养价值

乌鱼属于高蛋白、低能量食品。此道菜品酸鲜爽口，其中蛋白质和钙的食物营养质量指数（INQ）均大于1，营养价值较高，具有补充营养、生肌补血作用。

烹饪示范视频

生炊麒麟鱼

① 材 料

- **主料** 东星斑1条（约750g）。

- **辅料** 鲜笋花50g，猪白膘肉50g，湿香菇30g，火腿25g，鸡蛋1个（取蛋清），葱10g，
  油菜心8条，姜5g。

- **调料** 味精3g，食用盐5g，猪油5g，料酒15mL，芝麻油5mL，生粉10g，
  上汤100mL。

① 将东星斑去肚、去鳞、去鳃后起肉，鱼头从下颌轻斩开成连接的两片，拍扁，鱼尾留用，鱼肉切成3mm厚的片。

② 将鲜笋花、火腿、猪白膘肉各切成片，断面约5mm×5mm，香菇切成约2mm厚的薄片待用。

③ 鱼肉加入蛋清及2g食用盐、味精、料酒、葱、姜，腌制3min。

④ 将鱼盘盘底抹上薄猪油，鲜笋花、火腿、香菇、猪白膘肉夹在鱼片中间，逐件摆进盘里，排成两排，中间摆入鱼脊骨，再摆上头尾，呈麒麟状。

⑤ 将鱼放进蒸笼，用猛火蒸约6min取出，倒出原汁。

⑥ 油菜心用开水放3g食用盐、油烫熟后摆在鱼的两边，把原汁下锅，校对味道，用生粉水打芡，加入芝麻油、猪油，均匀淋在鱼上面即成。

③ 主要营养成分

项目	每100g	营养素参考值（NRV）
能量（kcal）	102	5.0%
蛋白质（g）	11.5	19.2%
脂肪（g）	5.8	9.7%
碳水化合物（g）	2	1.0%
膳食纤维（g）	0.6	2.4%
胆固醇（mg）	74	24.7%
钠（mg）	139.7	7.0%
钾（mg）	246.4	12.3%
钙（mg）	104	13.0%
铁（mg）	1.1	7.3%
锌（mg）	0.74	4.9%

④ 主要营养价值

　　石斑鱼富含蛋白质，不饱和脂肪酸较高，有利于调脂健脑。用生炒手法烹饪，肉质爽滑，味道鲜美，加入笋花、香菇、火腿等多种配菜，菜品营养成分更为丰富，具有清热解毒、健脾开胃、生津益血等功效。

烹饪示范视频

蒸酿枇杷虾

① 材料

- **主料** 对虾200g，枇杷12颗。

- **辅料** 马蹄20g，猪白膘肉10g，鸡蛋1个（取蛋清）。

- **调料** 味精5g，食用盐4g，生粉10g。

① 对虾去壳，去除虾线后洗净沥干，用刀将其拍成泥，虾尾留用。

② 马蹄洗净切粒，挤干水分，猪白膘肉切粒。

③ 将虾泥置于碗中，放入马蹄粒、猪白膘肉粒、食用盐、味精、蛋清后搅拌均匀，摔打起胶，制成百花馅。

④ 枇杷切去与枝连接部分（约为整果的1/3），剥去外皮，挖去果核后洗净，酿入百花馅，将虾尾插在开口处。

⑤ 枇杷虾入蒸笼小火蒸制6min至熟，取出后倒出原汤加生粉勾芡，淋上即可。

③ 主要营养成分

项目	每100g	营养素参考值（NRV）
能量（kcal）	110	5.5%
蛋白质（g）	11.9	19.8%
脂肪（g）	3.8	6.3%
碳水化合物（g）	7.2	2.4%
膳食纤维（g）	0.3	1.2%
胆固醇（mg）	173	57.7%
钠（mg）	600.9	30.0%
钾（mg）	173.9	8.7%
钙（mg）	43	5.4%
铁（mg）	1.5	10.0%
锌（mg）	1.42	9.5%

④ 主要营养价值

对虾蛋白质含量高，营养价值还含有一定的虾青素。枇杷含有果糖、纤维素、多种维生素，能够有效帮助人体提高免疫力，促进身体的自我修复。此道菜品使用时令食材进行烹制，鲜滑爽口，其中蛋白质、铁的食物营养质量指数（INQ）大于1，营养价值高，还可增强食欲、健脾益胃。

烹饪示范视频

爆炒明虾球

材料

- **主料**　大明虾400g。

- **辅料**　韭黄250g，湿香菇15g，胡萝卜50g，湿粉水50mL，红辣椒10g，姜10g，葱20g。

- **调料**　味精5g，食用盐3g，胡椒粉1g，鱼露30mL，料酒10mL，芝麻油2mL，上汤50mL。

① 明虾去壳留尾，用刀在虾背上片开。剔去虾肠，洗净待用。

② 韭黄洗净切段，香菇切片，红辣椒切菱形片，胡萝卜雕成胡萝卜花，葱叶切碎，茎切段。

③ 将处理好虾肉加入姜、葱叶、料酒、湿粉水30mL后抓匀，腌制待用。

④ 另取一碗，碗中加入鱼露、3g味精、胡椒粉、芝麻油、上汤、剩余湿粉水，调成碗芡。

⑤ 韭黄下锅加入食用盐、2g味精爆炒后装入盘中。

⑥ 锅中下油，待油温160℃时，投入虾肉拉油至熟，倒入笊篱沥油。

⑦ 另起炒锅，将香菇、胡萝卜花、红辣椒片、葱段爆香后，加入已制熟的虾肉，调入碗芡，迅速翻炒均匀，放在韭黄上面即可。

③ 主要营养成分

项目	每100g	营养素参考值（NRV）
能量（kcal）	129	6.0%
蛋白质（g）	17.7	30%
脂肪（g）	6.5	11%
碳水化合物（g）	4.8	1.6%
膳食纤维（g）	0.6	2.6%
胆固醇（mg）	127	42.3%
钠（mg）	182	9.0%
钾（mg）	323	16.0%
钙（mg）	16	2.0%
铁（mg）	1	6.7%
锌（mg）	1.23	8.0%

④ 主要营养价值

　　韭黄富含水分，含一定量的膳食纤维以及多种维生素和矿物质，对胃肠道、脾、胰等脏器均有良好的保健功效。此道菜品主要食用虾肉与韭黄，蛋白质、钾含量高，可滋补身体、补肾益肝、行气理血。

烹饪示范视频

清汤鲜虾丸

1 材料

- **主料**　鲜虾1kg。

- **辅料**　鸡蛋1个，芹菜粒2g。

- **调料**　食用盐20g，味精10g，胡椒粉2g，鱼露8mL，上汤800mL，生粉8g。

2 烹饪方法

1. 将虾去掉头、壳，挑去虾肠，洗净待用，鸡蛋取蛋清待用。

2. 虾肉用纱布包上挤干水分，用刀拍成虾胶，加入鸡蛋清、5g味精、食用盐、生粉搅匀后拍打起胶，用手挤成虾丸，放进盘中入蒸笼，用小火蒸约4min。

3. 将熟虾丸盛在汤碗里。上汤烧开后，加入5g味精、鱼露、胡椒粉后，灌入汤碗，撒上芹菜粒即成。

3 主要营养成分

项目	每100g	营养素参考值（NRV）
能量（kcal）	55	2.7%
蛋白质（g）	10.3	17.1%
脂肪（g）	2.7	4.5%
碳水化合物（g）	1.8	1.0%
膳食纤维（g）	0	0%
胆固醇（mg）	117	39.0%
钠（mg）	601.1	30.1%
钾（mg）	118.4	5.9%
钙（mg）	34	4.3%
铁（mg）	0.9	6.0%
锌（mg）	1.28	8.5%

4 主要营养价值

虾的肉质肥嫩，含有蛋白质、钙、铁等营养成分。此道菜品蛋白质的食物营养指数（INQ）大于1，营养价值较高，具有补充营养、提高免疫力的作用。

烹饪示范视频

芙蓉薄壳米

【 材 料 】

- **主料**　薄壳米100g。

- **辅料**　鸡蛋6个，葱10g，红辣椒5g，三七5g。

- **调料**　味精5g，食用油3mL，食用盐4g，胡椒粉2g，芝麻油3mL，生粉20g，
  上汤100mL。

① 薄壳米用温水洗净,葱、三七和红辣椒洗净后切末待用。

② 碗中打入鸡蛋,按1∶1的比例加入约30℃温水,加入味精、食用盐搅拌均匀。

③ 将鸡蛋液过滤在盘中,封上保鲜膜,在保鲜膜上扎几个小孔,入蒸笼用小火蒸8min。

④ 锅中加入适量上汤,加入薄壳米、葱末、红椒椒末、三七末,烧开后加入胡椒粉、味精进行调味,用生粉加水勾芡,烹入芝麻油、包尾油,淋在蒸好的鸡蛋上即可。

③ 主要营养成分

项目	每100g	营养素参考值（NRV）
能量（kcal）	111	5.5%
蛋白质（g）	9.4	15.7%
脂肪（g）	6.7	11.2%
碳水化合物（g）	5.4	1.8%
膳食纤维（g）	0.1	0.4%
胆固醇（mg）	317	105.7%
钠（mg）	427.1	21.4%
钾（mg）	120.6	6.6%
钙（mg）	54	6.8%
铁（mg）	1.6	10.7%
锌（mg）	0.61	4.0%

④ 主要营养价值

薄壳米富含蛋白质,不饱和脂肪酸含量较高,铁的食物营养质量指数（INQ）大于1,补铁营养价值高。薄壳米细嫩肥美,与蒸鸡蛋同食,可补充蛋白质等营养,还具有行气解郁、滋阴润燥的功效。

烹饪示范视频

潮式蚝仔烙

材料

- **主料** 鲜生蚝250g，红薯粉75g。

- **辅料** 鸡蛋1个，葱花20g，芫荽叶15g。

- **调料** 味精1g，胡椒粉1g，辣椒酱3g，鱼露10mL，熟猪油150g。

2 烹饪方法

① 将鲜生蚝用清水漂洗干净，红薯粉浆（粉水比例约3：1）、葱花、味精、4mL鱼露、辣椒酱调匀成浆状待用。

② 用旺火烧热平底锅，加入少许熟猪油，再将蚝仔粉浆入锅慢火煎至定形，再将打散的鸡蛋液淋于表面，继续加入熟猪油，翻转，煎至熟透，两面酥脆金黄，即可盛入盘，放上芫荽叶即成。

③ 将6mL鱼露与胡椒粉混合调匀制成酱料，与蚝仔烙一起上席。

3 主要营养成分

项目	每100g	营养素参考值（NRV）
能量（kcal）	303	15.1%
蛋白质（g）	6.7	11.2%
脂肪（g）	24.7	41.2%
碳水化合物（g）	13.8	4.6%
膳食纤维（g）	0	0%
胆固醇（mg）	121	40.3%
钠（mg）	385.5	19.3%
钾（mg）	205.7	10.3%
钙（mg）	31	3.9%
铁（mg）	4.4	29.3%
锌（mg）	31.35	207.7%

4 主要营养价值

　　红薯粉中含有丰富的淀粉与膳食纤维，可为人体补充能量，同时有助于通肠排便。生蚝富含蛋白质以及多种微量元素、维生素，鸡蛋富含能够被人体完全吸收利用的优质蛋白质。此道菜品香鲜爽口，可作为中餐主食，铁、锌含量较高，具有较高的营养价值。

烹饪示范视频

干焗蟹塔

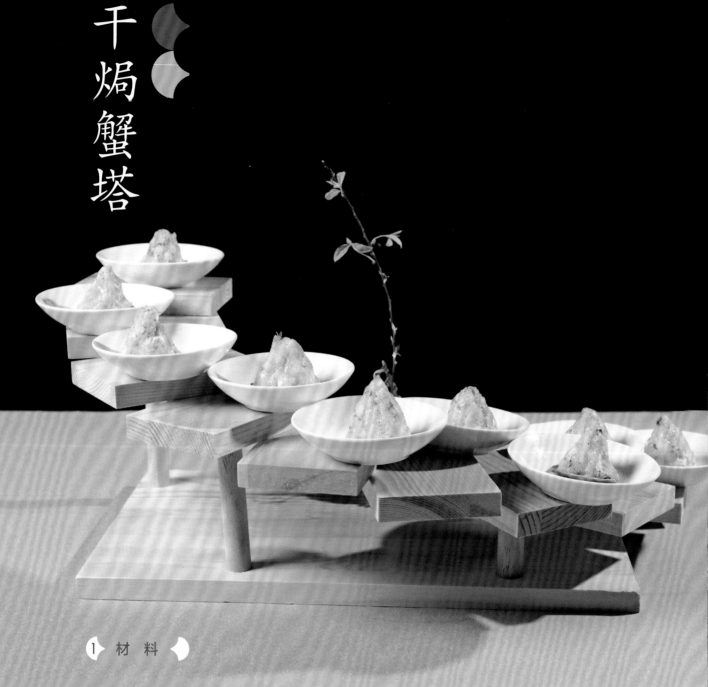

① 材料

- **主料** 蟹肉200g，虾肉100g。

- **辅料** 马蹄肉30g，猪白膘肉25g，韭黄20g，鸡蛋1个，蟹壳12个，生粉25g。

- **调料** 食用盐5g，味精5g，胡椒粉2g，食用盐5g，食用油10mL。

② 烹饪方法

① 鸡蛋取蛋清待用。将蟹壳洗净，用开水烫软后，剪成直径3cm的圆形壳12个待用。马蹄肉洗净控干水分。

② 将猪白膘肉、韭黄、马蹄肉切成约1mm大小的细粒。虾肉打烂后加入食用盐、猪白膘肉粒、韭黄粒、马蹄肉粒、味精、胡椒粉、蟹肉和鸡蛋清、生粉15g搅拌起胶，均匀分成12份，砌在蟹壳上面，用手捏成塔状，蘸上薄生粉水。

③ 热锅加入食用油，倒入胡椒粉1g，调成胡椒油备用。

④ 入烤炉（约150~160℃）焗30min至金黄色时取出，淋上胡椒油，盛起装盘即成。

③ 主要营养成分

项目	每100g	营养素参考值（NRV）
能量（kcal）	122	6.1%
蛋白质（g）	10.2	17.0%
脂肪（g）	5.9	9.8%
碳水化合物（g）	7	2.3%
膳食纤维（g）	0.1	0%
胆固醇（mg）	125	41.7%
钠（mg）	629	31.4%
钾（mg）	168.5	8.4%
钙（mg）	110	13.8%
铁（mg）	1.5	10.0%
锌（mg）	1.48	9.9%

④ 主要营养价值

蟹肉含有多种营养成分，其中蛋白质含量较高。此道菜品主要食用蟹肉，加以虾肉、马蹄、猪白膘肉、韭黄等，蛋白质、钙含量丰富，同时具有清热解毒、活血化瘀的功效。

烹饪示范视频

彩丝龙虾

1 材 料

- **主料**　活龙虾1条（约750g）。

- **辅料**　芫荽25g，姜20g，葱20g。

- **调料**　熟猪油、味精、上汤各少许，料酒5mL，食用盐10g，橘油适量。

❶ 将龙虾洗净放进锅里，用开水加入姜、葱、芫荽头、料酒、食用盐烫熟，烫熟后的龙虾放入冰水冷却后，去壳、头、尾，脚斩块下盘，摆成龙虾形状。将龙虾肉撕成粗丝摆在上面待用。

❷ 龙虾肉撕成粗丝放入碗中，加入熟猪油、味精、上汤淋在龙虾丝上拌匀后装盘，芫荽拼在盘边，上席配以橘油。

③ 主要营养成分

项目	每100g	营养素参考值（NRV）
能量（kcal）	142	7.1%
蛋白质（g）	15.4	25.6%
脂肪（g）	8.1	13.5%
碳水化合物（g）	2	1.0%
膳食纤维（g）	0.1	0.4%
胆固醇（mg）	106	35.3%
钠（mg）	639.9	32.0%
钾（mg）	223.9	11.2%
钙（mg）	23	2.9%
铁（mg）	1.3	8.7%
锌（mg）	2.33	15.5%

④ 主要营养价值

　　龙虾蛋白质含量高，脂肪含量低，还含有维生素A、维生素B_1、维生素B_2、维生素C、维生素E及多种矿物质。此道菜品含有丰富的蛋白质、锌，具有补肾固精、镇静安神的功效。

烹饪示范视频

油泡鲜鱿鱼

1 材 料

- **主料** 鲜鱿鱼500g。

- **辅料** 猪白膘肉10g，湿香菇20g，蒜头米30g，真珠花菜50g，鲥脯末10g。

- **调料** 味精5g，胡椒粉1g，芝麻油1mL，鱼露5mL，上汤10mL，湿生粉3mL，
  猪油750g（耗75g）。

② 烹饪方法

① 将鲜鱿鱼撕去头尾及脊骨外膜，先剞上8mm深的麦穗花刀，后切成边长约5cm的三角形，盛在碗里，用1mL湿生粉抓匀。

② 猪白膘肉、湿香菇切成粒。将味精、胡椒粉、芝麻油、鱼露、2mL湿生粉放入碗中，用上汤拌匀成碗芡待用。蒜头米下油锅炸至金黄色。

③ 起锅下油，放入猪白膘肉粒、香菇粒、鲥脯末、蒜头米，炒匀起锅，盛入碗中待用。

④ 中火烧热锅倒入猪油，油温约100℃时将真珠花菜炸酥捞起。投入鱿鱼，拉油至熟后倒出。锅底的猪油留少许，投入鱿鱼、配料和碗芡，快速颠翻几下。

⑤ 起锅装盘，用炸后的真珠花菜伴边即成。

③ 主要营养成分

项目	每100g	营养素参考值（NRV）
能量（kcal）	177.3	9%
蛋白质（g）	20.8	35%
脂肪（g）	8.2	14%
碳水化合物（g）	5.2	2%
钠（mg）	365	18%
钾（mg）	331	17%
钙（mg）	19	2%
锌（mg）	1.57	10%

④ 主要营养价值

　　鱿鱼富含蛋白质，具有防治贫血、改善身体生理机能等功效。此道菜品口感爽脆，味道鲜香，属于高蛋白、低热量的食物。

烹饪示范视频

河鲜品类

——

天麻炖鱼头

荷包白鳝

砂锅鳝鱼粥

薏米炖甲鱼

石螺豆腐煲

天麻炖鱼头

① 材料

- **主料** 草鱼头400g，天麻8g。

- **辅料** 川芎0.2g，当归头0.2g，姜10g。

- **调料** 食用盐4g，料酒8mL。

2 烹饪方法

① 鱼头斩件，加入料酒腌制10min，清洗干净。姜切片。

② 将处理好的鱼头摆入炖盅中，放入天麻、川芎、当归头、姜片，加入清水，封盖。

③ 入蒸笼，大火烧开转小火慢炖40min。

④ 食用时取出姜片，以食用盐调味即可。

3 主要营养成分

项目	每100g	营养素参考值（NRV）
能量（kcal）	30	1%
蛋白质（g）	2.4	4%
脂肪（g）	2.3	4%
碳水化合物（g）	0	0%
钠（mg）	65	3%
钾（mg）	28	1%

4 主要营养价值

草鱼头含有丰富的不饱和脂肪酸以及磷、硒、铜等微量元素，清香味美，可调节血脂、保护心脑血管系统。天麻具有息风止痉、平抑肝阳、祛风通络的作用，天麻炖鱼头具有健脑益智、提高免疫力、暖胃补虚的作用。

烹饪示范视频

荷包白鳝

- **主料**　净白鳝600g。

- **辅料**　酸咸菜300g，猪排骨150g，猪五花肉100g，醉过的香菇50g，芹菜100g。

- **调料**　味精8g，食用盐5g，姜10g，葱5g，胡椒粉2g，料酒20mL，上汤1L。

① 将姜切片，猪五花肉、香菇、酸咸菜（取梗）切丝待用。芹菜去根及叶子后洗净，其中60g整根焯水后捞出放入冷水中漂凉，40g切成芹菜粒待用。酸咸菜叶洗净待用。

② 把宰净的白鳝用80℃左右的热水淋洗，去黏液、去骨切段（每段4cm×6cm）后横刀片开。将五花肉、白鳝放入沸水锅，加入料酒焯熟，捞起漂凉。猪排骨切成3cm长的段。

③ 将白鳝段置于酸咸菜叶上，配以酸咸菜丝、猪五花肉丝、香菇丝后包成日字状，用焯过水的芹菜梗扎紧。

④ 排骨冷水下锅，焯水洗净，与包好的白鳝一起放进炖盅内，盖上剩余的酸咸菜叶，加上汤，放入姜、葱，放进蒸笼用旺火蒸40min左右取出。

⑤ 上席时，取出姜、葱和覆盖在上面的酸咸菜叶，清除油沫，加入食用盐、味精、胡椒粉、芹菜粒即成。

③ 主要营养成分

项目	每100g	营养素参考值（NRV）
能量（kcal）	96	5%
蛋白质（g）	6.3	10.50%
脂肪（g）	9.5	15.80%
碳水化合物（g）	1.1	0.37%
胆固醇（mg）	55	18.30%
钠（mg）	139.5	7%

④ 主要营养价值

　　白鳝富含蛋白质，具有补中益气的作用。加入五花肉一起烹制，可在增加风味的同时丰富营养成分。此道菜品味道清鲜，肉质嫩滑，可以起到清热解毒、利尿消肿的作用。

烹饪示范视频

砂锅鳝鱼粥

1 材料

- **主料**　鳝鱼500g，猪肉末100g，大米100g。

- **辅料**　湿香菇75g，芹菜20g，香腐粒20g，姜10g。

- **调料**　味精5g，食用盐10g，胡椒粉2g，蒜头油5mL，料酒10mL。

2 烹饪方法

1. 将鳝鱼宰杀去头骨，肉切成约5cm长的小段。

2. 大米浸泡15min后沥干水分，芹菜洗净后切粒，香菇、姜切丝待用。

3. 砂锅中加入适量清水烧开，水开后放入浸泡好的大米，大火熬煮约10min后转小火，再熬煮10min。

4. 热锅下蒜头油，放入姜、鳝鱼、香菇、5g食用盐、料酒爆香，倒进砂锅粥中熬煮。

5. 猪肉末加入适量清水打散，倒入砂锅中熬煮。最后放入香腐粒、芹菜粒、味精、5g食用盐、胡椒粉调味即成。

3 主要营养成分

项目	每100g	营养素参考值（NRV）
能量（kcal）	123	6.1%
蛋白质（g）	14.6	24.3%
脂肪（g）	2.4	4.0%
碳水化合物（g）	10.8	3.6%
膳食纤维（g）	0.4	1.6%
胆固醇（mg）	79	26.3%
钠（mg）	583	29.2%
钾（mg）	213.6	10.7%
钙（mg）	50	6.3%
铁（mg）	2.3	15.3%
锌（mg）	1.71	11.4%

4 主要营养价值

鳝鱼富含蛋白质，可提高人体免疫力。黄鳝还含有特有物质"黄鳝素"，能有效调节血糖，是糖尿病患者的理想食物。鳝鱼粥粥水甘甜，口感香滑鲜嫩，可以同时补充能量以及多种营养成分。

烹饪示范视频

薏米炖甲鱼

1 材 料

- **主料** 甲鱼750g，猪排骨150g，薏米50g。

- **辅料** 红枣10g，姜片20g，葱10g，蒜头50g。

- **调料** 味精5g，食用盐4g，料酒10mL。

1. 甲鱼宰杀，用80℃左右的热水淋洗去黏膜，斩件，猪排骨切段（约3cm长），冷水下锅，加入10g姜片、葱、料酒，焯水10min后捞出洗净，去除甲鱼的多余脂肪，沥干水分。

2. 蒜头下油锅，炸至金黄捞出，用牙签穿起。

3. 薏米、红枣用冷水浸泡10min待用。

4. 将处理好的甲鱼、猪排骨摆入炖盅，加入薏米、红枣、蒜头、剩余姜片、食用盐，加水封盖，入蒸笼小火蒸50min。

5. 炖好的甲鱼汤挑出蒜头、姜片，加味精调味即成。

③ 主要营养成分

项目	每100g	营养素参考值（NRV）
能量（kcal）	163	8.1%
蛋白质（g）	15	25.0%
脂肪（g）	7.3	12.2%
碳水化合物（g）	9.1	3.0%
膳食纤维（g）	0.4	1.6%
胆固醇（mg）	76	25.3%
钠（mg）	331.5	15.6%
钾（mg）	211.7	10.6%
钙（mg）	61	7.6%
铁（mg）	2.3	15.3%
锌（mg）	2	13.3%

④ 主要营养价值

甲鱼含有丰富的蛋白质，蛋白质的食物营养质量指数（INQ）大于1，营养价值高，有利于改善人体生理机能。脂肪含量低。薏米含有丰富的碳水化合物，可补充能量，同时具有利水消肿、健脾止泻的功效。此道菜品汤清肉软滑，可补充营养、健脾除湿、清热凉血。

烹饪示范视频

石螺豆腐煲

材料

- **主料** 嫩豆腐350g，石螺150g。

- **辅料** 猪五花肉50g，鲜虾仁50g，鲟脯15g，生粉10g，鸡蛋清1个，姜5g，三七5g。

- **调料** 食用盐10g，味精5g，胡椒粉3g，鸡油10mL，芝麻油2mL，生粉8g，
  上汤100mL，食用油100mL（耗20mL）。

 **烹饪方法**

① 嫩豆腐切成均等块，从中间划一刀。姜切成1mm粗的丝。五花肉去皮剁成蓉。鲻脯用油炸香，剁成末。

② 将虾仁挑去虾肠，挤去水分后用刀拍打成泥，加入鸡蛋清，顺同一个方向搅拌至起胶。

③ 将猪肉蓉、虾胶、鲻脯末、胡椒粉2g、味精3g、食用盐5g、生粉8g，顺同一个方向拌至起胶制成馅料。

④ 豆腐酿入馅料制成酿豆腐。把石螺放入上汤中焯熟捞起，汤留用。石螺用牙签挑出螺肉。

⑤ 酿豆腐入蒸笼旺火蒸6min，取出摆在砂煲里面，中间放上姜丝、石螺肉，加入石螺汤、味精2g、食用盐5g、胡椒粉1g，用中小火煮10min，用生粉勾薄芡，加入鸡油、芝麻油和三七，加盖即成。

主要营养成分

项目	每100g	营养素参考值（NRV）
能量（kcal）	143	7.1%
蛋白质（g）	8.1	13.5%
脂肪（g）	10.6	17.7%
碳水化合物（g）	5.2	1.7%
膳食纤维（g）	0.2	1.0%
胆固醇（mg）	44	14.7%
钠（mg）	560.2	28.0%
钾（mg）	84.3	4.2%
钙（mg）	484	60.5%
铁（mg）	2.3	15.3%
锌（mg）	1.53	10.2%

主要营养价值

石螺含有丰富的蛋白质，与豆腐同食，具有清热利尿、补中益气等功效。此道菜品口感嫩滑，鲜美爽口，其中钙的食物营养质量指数（INQ）大于1，营养价值高，有利于增加骨密度。

烹饪示范视频

家禽畜类

一

人参竹丝鸡

1 材 料

● **主料**　鸡肉250g，人参20g。

● **辅料**　黄精25g，当归10g，红枣8颗，姜10g，葱10g。

● **调料**　食用盐5g，冰糖5g，料酒5mL。

2 烹饪方法

1. 将人参、当归、黄精、红枣洗净，鸡肉洗净斩件。
2. 冷水下锅，放入姜、葱、料酒，将鸡肉焯水捞出，洗净待用。
3. 把全部用料及冰糖放入炖盅内加沸水盖好，隔水炖60min，用食用盐进行调味即成。

3 主要营养成分

项目	每100g	营养素参考值（NRV）
能量（kcal）	204	10.2%
蛋白质（g）	13.3	22.2%
脂肪（g）	5.7	9.5%
碳水化合物（g）	24.8	8.3%
膳食纤维（g）	3.5	14.0%
胆固醇（mg）	60	20.0%
钠（mg）	474.3	23.7%
钾（mg）	307.8	15.4%
钙（mg）	39	4.9%
铁（mg）	4.1	27.3%
锌（mg）	1.33	8.9%

4 主要营养价值

鸡肉蛋白质含量较高，且易被人体吸收利用。人参有生津安神、补脾益肺等功效。此道菜品中，铁的食物营养质量指数（INQ）大于1，是铁的良好来源，食用此菜品可补充营养、补气活血。

烹饪示范视频

鲜奶荷包鸡

1 材料

- **主料**　不开腹光鸡1只（约1kg），白木耳500g。

- **辅料**　鲜牛奶100mL。

- **调料**　食用盐10g，冰糖5g，味精2g，上汤400mL。

1 将光鸡脱骨（采用内脱骨法），内外清洗干净。白木耳用温水浸泡后切小块，加入5g食用盐、2g味精拌匀待用。

2 把初加工好的白木耳放入荷包鸡腹内，捆紧待用。

3 将捆紧的荷包鸡冷水入锅，慢慢加热至微沸，使得荷包鸡中的血水完全释出，捞起放入冷水中漂洗干净待用。

4 把漂洗干净的荷包鸡放入炖盅容器内，用鲜奶、上汤调好比例，加入5g食用盐、5g冰糖，倒入炖盅，密封炖盅放入蒸笼，用中火蒸约50min即成。

③ 主要营养成分

项目	每100g	营养素参考值（NRV）
能量（kcal）	152	7.6%
蛋白质（g）	12.4	20.7%
脂肪（g）	6.2	10.3%
碳水化合物（g）	14.1	4.7%
膳食纤维（g）	7.5	30.0%
胆固醇（mg）	54	18.0%
钠（mg）	266.6	13.3%
钾（mg）	523.9	26.2%
钙（mg）	18	2.3%
铁（mg）	1.7	11.3%
锌（mg）	1.31	8.7%

④ 主要营养价值

　　鸡肉含有蛋白质、脂肪等丰富的营养成分。白木耳含丰富的胶质蛋白、膳食纤维及多种维生素。鸡肉、白木耳与鲜牛奶一同进食，膳食纤维含量丰富，钾的食物营养质量指数（INQ）大于1，营养价值高，有滋阴润燥的功效。

烹饪示范视频

豆酱焗鸡

◖ 材 料 ◗

- **主料** 光鸡1只（约750g）。

- **辅料** 猪白膘肉100g，葱35g，芫荽30g，姜20g，红辣椒10g。

- **调料** 味精5g，豆酱50g，芝麻酱10g，白糖5g，鸡油30mL，料酒10mL，上汤200mL。

② 烹饪方法

① 将光鸡洗净晾干，切去鸡爪、鸡嘴、肛门口。

② 将猪白膘肉洗净，用刀片成2mm的薄片。

③ 将葱切成葱段，姜切成薄片，将芫荽洗净后，头、叶分开。

④ 豆酱粒用刀在砧板上压烂，用碗盛起，加入味精、料酒、芝麻酱、白糖、10g姜片、15g葱段、芫荽头，腌鸡20min后，再将腌料塞进鸡的腹腔中。

⑤ 将砂锅洗净擦干，把猪白膘肉片铺上，放上薄竹篾片，鸡放在竹篾片上面。

⑥ 另起锅，用鸡油爆香剩余的葱段、姜片和红辣椒，连同上汤从砂锅边倒入。盖上锅盖，置炉上用旺火烧沸后，改用中小火焗约20min至熟取出，原汁留用。

⑦ 将鸡的头颈、翅、脚剁下，鸡肉切块放在盘中，鸡头、翅、脚摆成鸡形，淋上原汁，配上芫荽叶伴盘即成。

③ 主要营养成分

项目	每100g	营养素参考值（NRV）
能量（kcal）	207	10.3%
蛋白质（g）	12.4	21.0%
脂肪（g）	16.3	27.0%
碳水化合物（g）	4.4	1.5%
胆固醇（mg）	74	24.7%
钠（mg）	240.4	12.0%
钾（mg）	169.9	8.5%
钙（mg）	18	2.3%
铁（mg）	1.4	9.3%
锌（mg）	0.77	5.1%

④ 主要营养价值

鸡肉蛋白质含量较高，且易被人体吸收利用。此外，鸡肉还含有脂肪、多种矿物质以及维生素，相比其他肉类，鸡肉的脂肪含量相对较低。此道菜品铁的食物营养质量指数（INQ）大于1，补铁营养价值高。

烹饪示范视频

清炖柠檬鸭

⟨1⟩ 材 料

- **主料** 光鸭400g。

- **辅料** 鲜柠檬2片，咸柠檬20g。

- **调料** 冰糖5g，食用盐4g，料酒10mL，姜5g，葱5g。

① 将光鸭斩件，冷水下锅，放入姜、葱、料酒，焯水5min捞出洗净，沥干水分。咸柠檬去核留皮待用。

② 将处理好的鸭肉放入炖盅中，放入咸柠檬，加水封盖，放入蒸笼中小火蒸40min。

③ 将炖汤取出，放入鲜柠檬片2片，加入冰糖和食用盐进行调味即成。

③ 主要营养成分

项目	每100g	营养素参考值（NRV）
能量（kcal）	213	10.6%
蛋白质（g）	13.6	22.7%
脂肪（g）	16.9	28.2%
碳水化合物（g）	1.4	1.0%
胆固醇（mg）	80	26.7%
钠（mg）	854.6	42.7%
钾（mg）	176.8	8.8%
钙（mg）	11	1.4%
铁（mg）	1.9	12.7%
锌（mg）	1.16	7.7%

④ 主要营养价值

鸭肉中含有丰富的蛋白质，消化率较高，脂肪含量较为适中。另外，鸭肉中含有较为丰富的烟酸等B族维生素和维生素E。柠檬含有维生素C、柠檬酸等成分，是天然的酸味调味品，柠檬与鸭同炖，具有调和滋味、去腥增香的作用。此道菜品蛋白质、脂肪含量高，适合补充营养。

烹饪示范视频

北菇炆鹅掌

1 材料

- **主料** 鹅掌6只（每只约100g），湿香菇100g。

- **辅料** 笋花30g，熟火腿15g，湿生粉5mL。

- **调料** 食用盐5g，味精5g，胡椒粉1g，老抽5mL，芝麻油1mL，上汤250mL，
  猪油500g（约耗75g）。

② 烹饪方法

① 鹅掌洗净后去爪、脱骨，每只切成3块，冷水下锅，焯熟后捞出。

② 将湿香菇去蒂洗净，表面剞十字花刀；笋花、熟火腿切片。

③ 烧热锅倒入猪油，油温至130℃时，鹅掌下锅中火熘炸2min后捞起待用。

④ 将锅中剩余猪油倒出，再把香菇、笋花、火腿片一起下锅炒香，投进鹅掌，加入上汤，用中火炆约20min至软稔，放入味精、食用盐、老抽、胡椒粉调味。

⑤ 用湿生粉勾芡，淋入芝麻油，起锅装盘即成。

③ 主要营养成分

项目	每100g	营养素参考值（NRV）
能量（kcal）	169	8.4%
蛋白质（g）	17	28.3%
脂肪（g）	9.3	15.5%
碳水化合物（g）	7.2	2.4%
膳食纤维（g）	1.6	6.4%
胆固醇（mg）	30	10.0%
钠（mg）	321.1	16.1%
钾（mg）	58.8	2.9%
钙（mg）	18	2.3%
铁（mg）	1.5	10.0%
锌（mg）	0.82	5.5%

④ 主要营养价值

香菇具有高蛋白、低脂肪的特点，且含有多糖和多种维生素。鹅掌含有丰富的蛋白质、多种维生素以及微量元素等，脂肪含量较低。此道菜品胶滑醇香，美味可口，蛋白质与铁含量丰富，具有美容减肥、补充营养等功效。

烹饪示范视频

人参炖老鸽

1 材 料

- **主料** 净老鸽2只，干人参10g。

- **辅料** 猪瘦肉200g，枸杞2g，姜20g，葱30g。

- **调料** 食用盐10g，冰糖5g，料酒5mL。

② 烹饪方法

1. 将鸽子切去爪尖、尾尖，在背部剖开，用刀背敲断老鸽脚骨、颈骨后洗净。

2. 锅中加水，投入姜、葱、料酒后，放入鸽子、猪瘦肉煮沸去除血污，捞起用清水漂净待用。

3. 将洗净的鸽子、猪瘦肉放入炖盅，加入食用盐、冰糖、干人参、枸杞，放进蒸笼炖约2h取出，将猪瘦肉取出，撇去浮油，调校味道即可。

③ 主要营养成分

项目	每100g	营养素参考值（NRV）
能量（kcal）	127	6.3%
蛋白质（g）	11.1	18.5%
脂肪（g）	9.8	16.3%
碳水化合物（g）	2.2	1.0%
膳食纤维（g）	0.1	0.4%
胆固醇（mg）	57	19.0%
钠（mg）	274.3	13.7%
钾（mg）	216.6	10.8%
钙（mg）	17	2.1%
铁（mg）	2.1	14.0%
锌（mg）	0.72	4.8%

④ 主要营养价值

鸽子蛋白质含量高，脂肪含量低，所含维生素和矿物质较为均衡。鸽子加入人参、枸杞一同炖汤，汤味鲜醇、肉质嫩滑、营养丰富，其中钾的食物营养质量指数（INQ）大于1，有利于心脏健康。食用此菜品可补气安神，增强免疫力。

烹饪示范视频

炆虎皮鸽蛋

1 材料

- **主料** 白鸽蛋300g，猪五花肉50g。

- **辅料** 湿香菇100g，火腿5g，笋花30g，红辣椒5g，葱10g，蒜头100g。

- **调料** 味精5g，食用盐3g，胡椒粉1g，生抽2mL，芝麻油1mL，上汤150mL，
  食用油1000mL（约耗75mL），生粉1g，老抽1mL。

2 烹饪方法

① 将白鸽蛋成只煮熟后用清水漂凉，剥去壳，抹上生抽待用。

② 将猪五花肉、火腿、湿香菇、红辣椒、葱、蒜头切成粗粒。

③ 将食用油下锅烧热至约160℃，把鸽蛋下锅用中火炸至金黄色，蛋皮出现皱纹时捞起，倒干余油。

④ 香菇、蒜头下锅爆香，再依次放入猪五花肉、火腿炒香，加入上汤、炸好的鸽蛋、食用盐，用小火焖约8min后，加入红辣椒粒、葱粒、笋花、胡椒粉、味精、老抽调味，用生粉加水勾薄芡后淋入芝麻油，起锅装盘即成。

3 主要营养成分

项目	每100g	营养素参考值（NRV）
能量（kcal）	177	8.8%
蛋白质（g）	5.3	8.8%
脂肪（g）	16	26.7%
碳水化合物（g）	4.6	1.5%
膳食纤维（g）	0.7	2.8%
胆固醇（mg）	8	2.7%
钠（mg）	317.7	15.9%
钾（mg）	76.1	3.8%
钙（mg）	46	5.8%
铁（mg）	0.4	2.7%
锌（mg）	0.43	2.9%

4 主要营养价值

鸽子蛋富含蛋白质，含有多种微量元素以及不饱和脂肪酸。此道菜品除了鸽蛋，还加入猪肉、香菇、笋花等配料，脂肪含量高，有利于补充能量，营养全面均衡。

烹饪示范视频

花生炖鸡蛋

❶ 材料

- **主料** 黑糯米50g，花生仁40g，鸡蛋2个。

- **辅料** 红枣8个。

- **调料** 沸水500mL，食用盐1g，黄糖20g。

① 鸡蛋用慢火煮熟，剥去蛋壳待用。

② 用温水将花生仁、黑糯米和红枣淘洗干净待用。

③ 将所有原材料放进炖盅，再倒入沸水，将盖子盖好，隔水炖约40min后，放入黄糖、食用盐，再炖10min即成。

③ 主要营养成分

项目	每100g	营养素参考值（NRV）
能量（kcal）	249	12.40%
蛋白质（g）	9.4	15.70%
脂肪（g）	7.9	13.20%
碳水化合物（g）	35	11.70%
膳食纤维（g）	2.5	10.00%
胆固醇（mg）	233	77.70%
钠（mg）	217.9	10.90%
钾（mg）	250.3	12.50%
钙（mg）	36	4.50%
铁（mg）	2.5	16.70%
锌（mg）	1.25	8.30%

④ 主要营养价值

黑糯米含丰富的碳水化合物，含有多种微量元素与维生素，花生仁中含有丰富的油脂、蛋白质以及多种维生素，红枣的维生素C含量在果品中名列前茅，鸡蛋富含蛋白质。黑糯米、花生仁、红枣、鸡蛋同食，钾、铁的食物营养质量指数（INQ）大于1，适合快速补充营养，具有补中益气、健脾养胃等功效。

烹饪示范视频

南姜狮头鹅

❶ 材 料 ◗

● **主料**　光鹅1只。

● **辅料**　南姜1000g，猪白膘肉300g，南姜块100g，桂皮5g，八角5g，香叶2g，
　　　　白豆蔻5g，小茴香3g，甘草2g，蒜头粒50g，干辣椒3g。

● **调料**　食用盐50g，味精20g，白酒100mL，冰糖20g，鱼露50mL。

2 烹饪方法

① 烧热炒锅，将桂皮、八角、香叶、白豆蔻、小茴香、甘草、干辣椒干煸炒出香味，装入卤水袋中。

② 光鹅清洗干净，在鹅身内外抹上20g食用盐。将一半的南姜块切成片，放入光鹅腹腔中。

③ 起白卤水：锅中加入适量的清水，放入卤水包和剩余的南姜块、蒜头粒，加入味精、30g食用盐、冰糖、鱼露调味。

④ 将腌制好的光鹅放入卤水锅中，加入猪白膘肉、白酒后大火煮开，转小火卤制约60min至熟透（每隔20min吊一次汤），关火浸泡15min后将鹅捞出，吊挂在通风的地方，让其自然冷却。

⑤ 将鹅斩开，放入盆中，均匀覆盖上南姜末，封上保鲜膜放入冰箱中冷藏10h以上。食用时将鹅斩件即可。

3 主要营养成分

项目	每100g	营养素参考值（NRV）
能量（kcal）	275	13.7%
蛋白质（g）	14.9	24.8%
脂肪（g）	19.6	32.7%
碳水化合物（g）	10.3	3.4%
膳食纤维（g）	8.4	33.6%
胆固醇（mg）	58	19.3%
钠（mg）	506.7	25.3%
钾（mg）	186.3	9.3%
钙（mg）	17	2.1%
铁（mg）	2.9	19.3%
锌（mg）	1.9	12.6%

4 主要营养价值

鹅肉含有丰富的蛋白质和脂肪，可为人体提供能量，维生素及矿物质含量高，其中铁的食物营养质量指数（INQ）大于1，补铁营养价值高。南姜在菜品中主要起到去腥提味的作用，同时也可增强食欲、健脾益胃。此道菜品味美浓郁、香滑爽口，具有补充营养、补虚益气的功效。

烹饪示范视频

菠萝炒鸭胗

1 材 料

- **主料** 鸭胗200g，菠萝150g。
- **辅料** 番茄50g，青瓜50g，姜10g，葱10g，红辣椒5g。
- **调料** 食用油250mL（约耗50mL），生粉5g，白糖20g，盐2g，白醋3mL。

① 鸭胗去除表皮筋膜，对半切开，用剖刀法剞出菊花状，放入清水，滴入几滴白醋，浸泡待用。

② 菠萝、红辣椒切菱形块，青瓜、番茄去瓤，切菱形块，葱切段，姜切片。

③ 将处理好的鸭胗加入适量盐、姜片、葱段、料酒、3g生粉，抓匀待用。

④ 热锅下油放入腌制好的鸭胗，滑油至熟即可。

⑤ 热锅下少许油，放入菠萝、番茄、青瓜、红辣椒煸炒，加入适量清水，用白糖、盐调味，用剩余生粉加水勾芡，加入白醋、放入鸭胗、包尾油翻炒均匀即可。

③ 主要营养成分

项目	每100g	营养素参考值（NRV）
能量（kcal）	74	3.7%
蛋白质（g）	7.4	12.3%
脂肪（g）	0.5	1.0%
碳水化合物（g）	9.6	3.2%
膳食纤维（g）	0.6	2.4%
胆固醇（mg）	61	20.3%
钠（mg）	188.4	9.4%
钾（mg）	183.4	9.2%
钙（mg）	14	1.8%
铁（mg）	1.9	12.9%
锌（mg）	1.19	7.9%

④ 主要营养价值

　　菠萝含有大量的糖、纤维素与酶，特别是菠萝朊酶，可以帮助分解蛋白质。鸭胗主要由肌肉组织组成，富含蛋白质、维生素A，而且铁元素含量较丰富。此道菜品爽口鲜香，铁的食物营养质量指数（INQ）大于1，可开胃消食、补铁护眼。

烹饪示范视频

潮州卤水鹅

① 材 料

- **主料**　光鹅1只（约6kg）。

- **辅料**　肥猪肉250g，南姜1000g，带皮蒜头300g，芫荽150g，清水10L，川椒10g，
八角10g，桂皮10g，芫荽籽3g，香叶3g，甘草3g，豆蔻3g，陈皮3g，草果3g。

- **调料**　鱼露500mL，生抽100mL，食用盐800g，冰糖200g，白糖250g，猪油100g，
芝麻油10mL，上汤5000mL。

① 将南姜洗净切片待用。把光鹅洗净晾干，用400g食用盐抹在鹅身内外。将300g南姜片塞进鹅腹腔内。

② 将桂皮、草果、八角、甘草、陈皮、香叶、川椒、芫荽籽、豆蔻等按耐火顺序下炒锅用小火炒香盛起，放纱布汤料袋中，扎紧待用。

③ 白糖加100mL水倒入炒锅中打卤色，用中火将糖水炒至焦糖化，加水形成卤色待用。

④ 将上汤倒入卤水桶中烧沸。将剩下南姜片、香料包、鱼露、生抽、冰糖、食用盐、带皮蒜头、猪油等全部放入卤水桶中，并根据实际情况用卤色进行调色，熬约15min至卤汁出香。

⑤ 肥猪肉块放入桶中，再把鹅放入卤水桶里，先中火，再慢火卤制大约1.5h。中间要将卤鹅吊起离汤后再放下，反复几次，并注意把鹅身翻转数次，使其入味至熟，然后捞起放凉待用。

⑥ 把熟卤鹅放在砧板上斩件装盘，淋上热卤汁、芝麻油，放上芫荽即成。上席时跟上蒜泥醋2碟。

3 主要营养成分

项目	每100g	营养素参考值（NRV）
能量（kcal）	92	4.6%
蛋白质（g）	5	8.3%
脂肪（g）	7.3	12.2%
碳水化合物（g）	3.9	1.3%
膳食纤维（g）	1.7	6.8%
胆固醇（mg）	19	6.3%
钠（mg）	1486.6	74.3%
钾（mg）	72.1	3.6%
钙（mg）	6	0.8%
铁（mg）	1	6.7%
锌（mg）	0.58	3.9%

4 主要营养价值

鹅肉，含有优质蛋白质，亚麻酸含量均超过其他肉类。此道菜品口味咸香、肉质鲜甜，具有润肺止咳、补虚益气等功效，有助于提高免疫力。

烹饪示范视频

生炒鸡球

材料

- **主料** 光鸡1只（约750g）。

- **辅料** 湿香菇20g，笋肉150g，食用油1000mL（约耗100mL），鲦脯5g，葱段2g，红辣椒5g，姜10g，葱5g。

- **调料** 味精10g，鱼露20mL，芝麻油5mL，料酒5mL，生粉20g。

② 烹饪方法

① 将光鸡洗净、拆去骨，取肉待用。

② 使用十字花刀法把鸡肉剖成横直花纹，再改成约4cm×4cm正方形片，盛在碗里待用。将笋肉雕成笋花，香菇切片，鳙脯切成菱形，葱切段，红辣椒切角。将姜葱拍打挤出汁，加入2mL料酒制成姜葱汁，17g生粉加水调成生粉水。

③ 将碗里的鸡肉加入姜葱汁、3mL料酒、5mL鱼露、3g生粉、1g味精腌制，另一只小碗加入剩余味精、芝麻油、15mL鱼露、生粉水调成芡汁待用。

④ 热锅下食用油，在油温升至130℃时将鸡片下锅拉油约30s，捞起倒入笊篱沥去油，把香菇、鳙脯、笋肉下锅炒香，投入葱段、红辣椒角爆香，再将鸡肉投入，用旺火快炒，加入已调好的芡汁翻炒均匀，装盘即成。

③ 主要营养成分

项目	每100g	营养素参考值（NRV）
能量（kcal）	212	10.5%
蛋白质（g）	14.4	24.0%
脂肪（g）	15.9	26.5%
碳水化合物（g）	2.8	1.0%
膳食纤维（g）	0.4	1.6%
胆固醇（mg）	72	24.0%
钠（mg）	289.7	14.5%
钾（mg）	231.2	11.6%
钙（mg）	9	1.1%
铁（mg）	1.4	9.3%
锌（mg）	0.9	6.0%

④ 主要营养价值

鸡肉蛋白质含量高，还含有丰富脂肪，可为人体提供必需能量以及多种矿物质。生炒鸡肉外脆内滑、咸香可口，易被人体吸收利用，有增强体力、强壮身体的作用。

烹饪示范视频

香葱炒猪肝

1 材 料

- **主料** 猪肝300g，香葱100g。

- **调料** 酱油5mL，红糖2g，食用盐10g，食用油50mL。

① 将猪肝用清水加5g盐浸泡30min，去除血水、杂质，取出待用。

② 猪肝改刀切3mm厚的薄片，香葱洗净切4cm长的段。

③ 猪肝加入1g盐、10mL食用油拌匀腌渍10min。起锅烧热，加入食用油，中火烧至油温120℃，将猪肝滑油捞出。

④ 炒锅留底油，加入猪肝翻炒均匀，加20mL水、4g盐、红糖、酱油，放入葱段翻炒至熟，取出装碗即可。

③ 主要营养成分

项目	每100g	营养素参考值（NRV）
能量（kcal）	132	7%
蛋白质（g）	15.1	25%
脂肪（g）	3.6	6%
碳水化合物（g）	9.6	3%
钠（mg）	144	7%
钾（mg）	166	8%
铁（mg）	7.9	53%
锌（mg）	4.99	33%

烹饪示范视频

④ 主要营养价值

猪肝是常见的美味食材，与香葱一同炒制，味道咸香鲜美，质感嫩滑。根据营养成分检测，此道菜品富含蛋白质，铁、锌两种营养素占营养素参考值（NRV）的百分比较高，食物营养质量指数（INQ）均大于1，营养价值较高。

铁是人体必需微量元素中含量最多的一种，对维持正常造血功能有重要意义，食用富含铁的猪肝，具有补肝、明目、养血等作用，是贫血症状的食疗佳品。葱是烹饪食物所不可缺少的调味、去腥食材之一，可以提升猪肝风味，葱本身也具有抗菌、促消化等食疗作用。

话梅炆猪蹄

① 材料

- **主料** 猪蹄750g。

- **辅料** 话梅40g，姜片25g。

- **调料** 食用盐2g，白糖75g，料酒8mL。

① 将猪蹄斩件，冷水下锅，下入4mL料酒，焯水10min后捞出洗净，沥干水分。

② 话梅用清水浸泡待用。

③ 将炒锅烧热，下入适量清油，将处理好的猪蹄放入锅中煸炒，炒至猪皮焦黄，放入姜片，烹入4mL料酒，加入话梅水，大火烧开后加入白糖、食用盐，放入高压锅中，煮制10min。

④ 待高压锅气压降低后开盖，将猪蹄取出，皮朝下扣在碗中，加入原汤，入蒸笼中火蒸30min。

⑤ 将蒸好的猪蹄沥出原汤待用，将猪蹄反扣在盘中，用原汤勾芡淋上即可。

③ 主要营养成分

项目	每100g	营养素参考值（NRV）
能量（kcal）	261	13.0%
蛋白质（g）	18.8	31.3%
脂肪（g）	15.8	26.3%
碳水化合物（g）	11.1	3.7%
胆固醇（mg）	160	53.3%
钠（mg）	280.8	14.0%
钾（mg）	53.7	2.7%
钙（mg）	30	3.8%
铁（mg）	0.9	6.0%
锌（mg）	0.96	6.4%

④ 主要营养价值

猪蹄的蛋白质、脂肪含量高，具有抗衰老、促进生长发育等作用。此道菜品话梅味浓郁、滑嫩软烂，蛋白质、脂肪含量高，为人体补充营养成分，同时可起到生津开胃、润肠通便等作用。

烹饪示范视频

生炊米麸肉

材料

- **主料**　猪五花肉400g，糙米400g。

- **辅料**　荷叶2张，八角2g，桂皮2g，丁香2g。

- **调料**　豆酱15g，香醋50mL，腐乳汁10g，白糖0.2g，料酒5mL。

① 荷叶剪成16块，用开水烫软捞起，过凉水漂凉。

② 豆酱滤出黄豆将其压成泥；将猪五花肉均匀切成16块后加入料酒、腐乳汁、豆酱泥、白糖腌制1h。

③ 将糙米、丁香、八角、桂皮投入炒锅中，用慢火炒酥后取出。将香料挑出，糙米研磨，经筛斗筛成米麸待用。

④ 把荷叶披在砧板上，将腌过的猪五花肉蘸上米麸，用荷叶包成块状放在盘里，然后放进蒸笼蒸约30min，取出时去掉荷叶装盘即成。

⑤ 上席配上香醋作为跟碟。

③ 主要营养成分

项目	每100g	营养素参考值（NRV）
能量（kcal）	421	20.9%
蛋白质（g）	7.8	13.0%
脂肪（g）	27.9	47.0%
碳水化合物（g）	34.5	12.0%
膳食纤维（g）	1.6	6.4%
胆固醇（mg）	49	16.3%
钠（mg）	154.5	7.7%
钾（mg）	201.4	10.0%
钙（mg）	9	1.1%
铁（mg）	1.4	9.3%
锌（mg）	1.54	10.3%

④ 主要营养价值

猪肉的蛋白质、脂肪含量较高，此外还含有铁、维生素B_1、维生素B_2等营养成分。糙米中的蛋白质、脂肪、矿物质以及维生素含量均比大米高，同时含有大量碳水化合物和膳食纤维，以及微量元素硒、锰，亚油酸和维生素E等。此菜品可作为主食。

烹饪示范视频

沙茶牛肉

1 材 料

- **主料** 牛雪花肉750g。

- **辅料** 生菜500g。

- **调料** 味精5g，沙茶酱150g，芝麻酱75g，辣椒油30mL，上汤1000mL，熟猪油200g。

② 烹饪方法

1. 将生菜洗净晾干，修成圆形待用。
2. 将牛肉去筋，按牛肉横纹，用刀切成薄片待用。
3. 芝麻酱用200mL上汤搅匀，在沙茶酱中加入芝麻酱、熟猪油、辣椒油拌匀，其中四成做酱碟，六成做汤料。
4. 餐桌上置一火锅，倒入800mL上汤，煮沸后加入味精、沙茶酱料。吃时用筷子夹住牛肉片放入沸腾的沙茶酱汤中涮熟，取出蘸沙茶酱，用生菜叶包裹食用。

③ 主要营养成分

项目	每100g	营养素参考值（NRV）
能量（kcal）	127.6	6.0%
蛋白质（g）	23.2	39.0%
脂肪（g）	2	3.0%
碳水化合物（g）	4	1.0%
膳食纤维（g）	0.4	1.6%
胆固醇（mg）	26	8.7%
钠（mg）	89	4.0%
钾（mg）	211	11.0%
钙（mg）	41	5.1%
铁（mg）	1.4	9.0%
锌（mg）	4.43	30.0%

④ 主要营养价值

牛肉含有丰富的蛋白质，脂肪含量比猪肉少。铁、锌的含量丰富，是补充铁、锌的良好来源。此外，牛肉还含有一定量的维生素B_6、钾、肉碱、肌氨酸等物质。此道菜品味道浓香，鲜甜嫩滑，使用涮火锅的烹饪手法，可尽量保留牛肉的营养成分。

烹饪示范视频

五香炖牛腩

1 材料

- **主料** 牛腩500g，白萝卜300g。

- **辅料** 南姜100g，芹菜10g，红辣椒5g。

- **调料** 五香粉5g，生抽8mL，冰糖15g，料酒5mL。

2 烹饪方法

1. 将牛腩切成5cm大小的块状，冷水下锅，加入料酒，焯水5min捞出洗净。白萝卜去皮切块，芹菜切段，红辣椒切块，南姜切片待用。

2. 砂锅中加入少许油，放入冰糖，小火炒出焦糖色，放入处理好的牛腩，加入适量清水、南姜片、五香粉，大火烧开后转小火熬煮20min，再放入白萝卜煮10min。

3. 用生抽进行调味，再用小火慢煮20min收汁，放入芹菜段、红辣椒块即成。

3 主要营养成分

项目	每100g	营养素参考值（NRV）
能量（kcal）	215	10.7%
蛋白质（g）	10.3	17.2%
脂肪（g）	16	26.7%
碳水化合物（g）	7.4	2.5%
膳食纤维（g）	4.9	19.6%
胆固醇（mg）	23	7.7%
钠（mg）	72.5	3.62%
钾（mg）	71.8	3.6%
钙（mg）	24	3.0%
铁（mg）	0.7	5.0%
锌（mg）	1.99	13.3%

4 主要营养价值

牛腩富含蛋白质、脂肪以及钙、铁等矿物质，萝卜含水量丰富，富含钙、铁等矿物质。此道菜品色泽金黄，浓香滑软，锌的食物营养质量指数（INQ）大于1，是补锌的良好来源，有利于益阳补肾，促进青少年生长发育。

烹饪示范视频

当归炖羊肉

① 材料

- **主料** 羊肉500g，当归5g。

- **辅料** 巴戟天2g，红枣8颗，姜10g，葱10g。

- **调料** 冰糖5g，食用盐5g，料酒10mL。

② 烹饪方法

1. 将羊肉斩件，冷水下锅，放入姜、葱、5mL料酒，焯水5min后捞出洗净，沥干水分待用。

2. 烧热炒锅，热锅冷油放入处理好的羊肉，小火煸炒出油汁，烹入5mL料酒，加适量清水烧开后捞出。

3. 将熟处理过的羊肉放入炖盅，同时将当归、巴戟天、红枣一并放入，加水封盖，放入蒸笼蒸制60min。

4. 食用时用冰糖、食用盐进行调味即成。

③ 主要营养成分

项目	每100g	营养素参考值（NRV）
能量（kcal）	206	10.3%
蛋白质（g）	15.6	26.0%
脂肪（g）	11	18.3%
碳水化合物（g）	11	3.7%
膳食纤维（g）	1.2	4.8%
胆固醇（mg）	71	23.7%
钠（mg）	447.6	22.4%
钾（mg）	267.1	13.4%
钙（mg）	17	2.1%
铁（mg）	2.2	14.7%
锌（mg）	2.61	17.4%

④ 主要营养价值

羊肉是常见的滋补食物，当归具有补血活血、调经止痛的功效。此道菜品汤味浓郁，蛋白质含量高，钾、锌、铁三种矿物质的食物营养质量指数（INQ）均大于1，食用此菜品可补充营养，改善血液循环，有气血双补的食疗功效。

烹饪示范视频

南姜盖猪脚

材料

- **主料** 猪脚500g，南姜末400g，南姜片100g。

- **辅料** 姜10g，葱10g，八角5g，桂皮5g，香叶2g，白豆蔻5g，小茴香3g，甘草2g，蒜头粒50g，干辣椒3g。

- **调料** 食用盐50g，味精20g，料酒10mL，冰糖20g，鱼露50mL。

1. 烧热炒锅，将八角、桂皮、香叶、白豆蔻、小茴香、甘草、干辣椒煸炒出香味，加入蒜头粒一起装入卤水袋中。

2. 起白卤水：锅中加入适量的清水，放入卤水包、南姜片，放入味精、食用盐、冰糖、鱼露调味。

3. 猪脚处理干净冷水下锅，锅中放入姜、葱、料酒，焯水后捞出洗净。

4. 将猪脚去骨后绑紧，皮朝外，绑成长方状，放入卤水锅中，大火煮开，转小火卤制约50min至熟透，捞起猪脚让其自然冷却。

5. 冷却后的猪脚用南姜末覆盖，封上保鲜膜，放入冰箱中冷藏10h以上。食用时将猪脚切薄片即可。

3 主要营养成分

项目	每100g	营养素参考值（NRV）
能量（kcal）	264	13.15%
蛋白质（g）	12.1	20.20%
脂肪（g）	15.3	25.50%
碳水化合物（g）	19.8	6.60%
膳食纤维（g）	7.1	28.40%
胆固醇（mg）	41	13.60%
钠（mg）	2745.9	137.30%
钾（mg）	144.3	7.20%
钙（mg）	25	3.10%
铁（mg）	1.1	7.30%
锌（mg）	1.83	12.20%

4 主要营养价值

　　猪脚中含有大量胶原蛋白，有助于增加皮肤弹性，延缓衰老。此道菜品肉浓香滑、郁而不腻，含有丰富的蛋白质，适量食用可为身体补充优质蛋白。此外，食用猪脚还具有增加血管弹性，预防心血管疾病，促进青少年生长发育等功效。

烹饪示范视频

橄榄炖猪肺

材料

- **主料** 猪肺300g，橄榄10颗。

- **辅料** 猪瘦肉100g，姜10g，葱10g，芹菜10g。

- **调料** 冰糖5g，食用盐4g，料酒10mL。

2 烹饪方法

1. 将橄榄对半切开，放入盐水中浸泡去除苦涩。芹菜洗净切末，猪瘦肉切小块。

2. 在猪肺的气管反复注水、放水，充分滤出泡沫与血污，猪肺表面颜色呈淡白色后切成约5cm大小的块状。

3. 将切好的猪肺、猪瘦肉块冷水下锅，放入姜、葱、料酒，焯水3min后捞出洗净。

4. 将处理好的猪肺、猪瘦肉块、橄榄一并放入炖盅中，加开水封盖后放入蒸笼，小火蒸约40min。

5. 食用时用冰糖、食用盐进行调味，撒上芹菜末即可。

3 主要营养成分

项目	每100g	营养素参考值（NRV）
能量（kcal）	91	4.5%
蛋白质（g）	12.1	20.2%
脂肪（g）	3.7	6.2%
碳水化合物（g）	2.4	0.8%
膳食纤维（g）	0.5	2.0%
胆固醇（mg）	194	64.7%
钠（mg）	466.5	23.3%
钾（mg）	202	10.0%
钙（mg）	12	1.5%
铁（mg）	3.8	25.3%
锌（mg）	1.39	9.3%

4 主要营养价值

橄榄富含多种维生素以及钙、钾等多种微量元素，具有利咽消肿、生津止渴、促进消化等功效。猪肺与橄榄炖汤，汤清味甘，含有丰富的铁，铁营养价值高，可增强气血、补肺润燥、健脾益胃。

烹饪示范视频

黄皮果脊骨

①材料

- **主料** 猪脊骨200g，黄皮果（也可用黄皮豉）75g。

- **辅料** 姜10g，葱10g。

- **调料** 冰糖5g，食用盐4g，料酒10mL。

① 将猪脊骨斩件，冷水下锅，放入姜、葱、料酒，焯水5min后捞出洗净，沥干水分。

② 黄皮果用盐水清洗干净，去除果核。将处理好的猪脊骨放入炖盅中，加入适量开水封盖，入蒸笼蒸50min。

③ 取出炖盅，开盖，放入黄皮果，蒸10min即可。

④ 食用时用冰糖、食用盐调味即可。

③ 主要营养成分

项目	每100g	营养素参考值（NRV）
能量（kcal）	180	9.0%
蛋白质（g）	12.3	20.5%
脂肪（g）	12.3	20.5%
碳水化合物（g）	4.8	1.6%
膳食纤维（g）	1.4	5.6%
胆固醇（mg）	100	33.3%
钠（mg）	636.6	31.8%
钾（mg）	237.8	11.9%
钙（mg）	11	1.4%
铁（mg）	0.8	5.3%
锌（mg）	1.16	7.7%

④ 主要营养价值

　　黄皮具有较高的营养价值，果实含丰富的糖分、有机酸、维生素C、果胶、挥发油、黄酮苷等。黄皮与猪脊骨一起炖煮，汤清味鲜，开胃健脾，其中蛋白质、脂肪、钾含量高，可滋补身体、消食开胃、化痰理气。

烹饪示范视频

酸甜咕噜肉

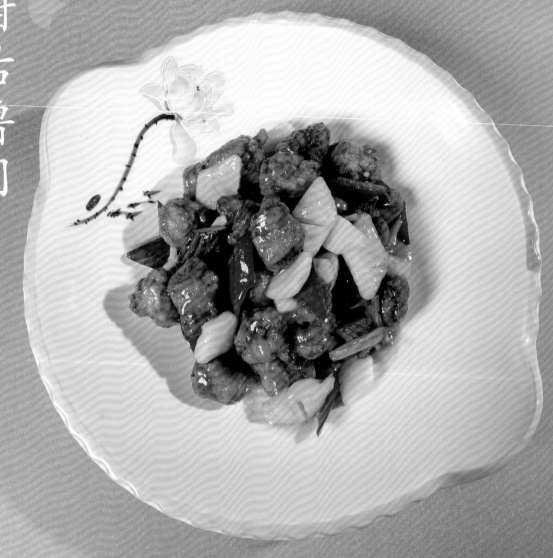

① 材料

- **主料** 猪前腿肉300g。

- **辅料** 马蹄50g，菠萝肉40g，番茄40g，青瓜40g，面粉100g，湿生粉10mL，鸡蛋1个，葱20g，红辣椒5g。

- **调料** 白糖150g，梅膏酱50g，五香粉1g，白醋25mL，料酒5mL，酱油5mL，食用油750mL（约耗100mL）。

① 将猪前腿肉用刀片成薄片，用刀背拍打，使猪肉纤维松弛，切成菱形块状。

② 猪肉块加上五香粉、酱油、鸡蛋液、5mL湿生粉拌匀，腌制待用。将红辣椒、马蹄、番茄、菠萝、青瓜全部切菱形片，葱切段待用。

③ 热锅下食用油，将猪肉块拍上薄面粉，握成圆形，待油温升至180℃时下锅炸透，倒入笊篱沥油。

④ 将菠萝、番茄、青瓜、红辣椒、马蹄、葱段放入锅中炒香，加入白糖、梅膏酱调味。

⑤ 将炸好的肉块倒入锅中，加入剩余湿生粉勾薄芡，加入白醋，即炒即起。

③ 主要营养成分

项目	每100g	营养素参考值（NRV）
能量（kcal）	193	9.65%
蛋白质（g）	9	15.0%
脂肪（g）	3.4	5.7%
碳水化合物（g）	31.7	10.6%
膳食纤维（g）	0.4	1.6%
胆固醇（mg）	60	20.0%
钠（mg）	234.3	1.7%
钾（mg）	173.9	8.7%
钙（mg）	16	2.0%
铁（mg）	1.5	10.0%
锌（mg）	1.22	8.1%

④ 主要营养价值

　　猪瘦肉蛋白质含量较高。番茄中含有大量的番茄素以及苹果酸。此道菜品以猪瘦肉为主，加入菠萝、番茄、青瓜等多种瓜果，肉质酥香，汁味酸甜，在补充蛋白质、脂肪等营养成分的同时，可补充维生素以及纤维素，起到健脾消食、开胃生津的功效。本菜品热量高，可作为主食。

烹饪示范视频

炸佛手排骨

- **主料** 猪排骨400g，猪前腿肉300g。

- **辅料** 面粉100g，虾肉50g，马蹄50g，猪白膘肉25g，鱼脯15g，鸡蛋2个，姜20g，
  生葱60g。

- **调料** 食用盐10g，味精6g，芝麻油5mL，料酒10mL，川椒末1g，生粉30g，食用油
  1000mL（约耗75mL），甜酱2碟。

② 烹饪方法

① 将猪排骨剁成7cm长的段，脱骨，再把脱出来的排骨肉、猪前腿肉、白膘肉、虾肉、马蹄、鲻脯一起放在砧板上，用刀剁成蓉。

② 将姜、葱拍烂，加入料酒，压成姜葱汁。肉蓉中加入食用盐、味精、芝麻油、川椒末、生粉、姜葱汁拌匀，然后均匀分成10份。

③ 用手将肉蓉分别镶在排骨的一端，捏成10支佛手状，将鸡蛋液打散，然后把佛手状的排骨逐个拍上少许生粉，蘸匀鸡蛋液，沾上面粉并将粉捏紧。

④ 将佛手排骨坯投入油锅中，用慢火浸炸至熟透即成，配甜酱2碟上席。

③ 主要营养成分

项目	每100g	营养素参考值（NRV）
能量（kcal）	220	11.0%
蛋白质（g）	15.9	26.5%
脂肪（g）	12.3	20.5%
碳水化合物（g）	11.1	3.7%
膳食纤维（g）	0.2	1.0%
胆固醇（mg）	138	46.0%
钠（mg）	453.4	22.7%
钾（mg）	233	11.6%
钙（mg）	19	2.4%
铁（mg）	1.7	11.3%
锌（mg）	1.66	11.1%

④ 主要营养价值

猪排骨营养成分丰富，可为人体提供生理活动必不可少的优质蛋白质、脂肪、钙质以及其他多种微量元素。该道菜品除猪排骨外，还添加虾肉、马蹄等，口感酥香嫩滑，蛋白质、钾、铁含量高，食用有助于维持身体和骨骼健康，具有改善贫血、滋阴健脾等功效。

烹饪示范视频

枸杞菜猪杂汤

1 材料

- **主料** 熟猪血200g，猪肝75g，猪前腿肉75g，猪腰75g，猪心75g，枸杞菜200g。

- **辅料** 芹菜5g。

- **调料** 鱼露15mL，味精2g，胡椒粉0.5g，芝麻油1mL，蒜头油2g，清汤800mL，辣椒酱10g。

2 烹饪方法

① 将大白菜洗净，对半两次切成四瓣。水烧开放入大白菜焯水至断生，捞出洗净待用。

② 银杏果焯水后洗净，控干水分。烧锅下油，待油温升至120℃时放入银杏果过油。

③ 锅中倒入鸡油，放入白菜煸炒，倒入上汤，放入银杏果，用食用盐、味精进行调味，小火慢煮10min，起锅滤出原汤。

④ 将银杏果铺在碗底，整齐放入白菜，盖上保鲜膜，上蒸笼蒸10min。

⑤ 蒸好的白菜连碗倒扣在盘上，取走空碗。

⑥ 原汤加入胡椒粉勾芡，淋在蒸好的菜品上即成。

3 主要营养成分

项目	每100g	营养素参考值（NRV）
能量（kcal）	98.8	5%
蛋白质（g）	1.9	3%
脂肪（g）	6.8	11%
碳水化合物（g）	7.7	3%
膳食纤维（mg）	1.0	4%
钠（mg）	73	4%
钾（mg）	135	7%
钙（mg）	23	3%
铁（mg）	0.4	3%

4 主要营养价值

大白菜营养价值比较高，含有机酸、各种矿物质、多种维生素、膳食纤维等。银杏含有蛋白质、糖类等，具有敛肺气、抗氧化的功效。此道菜品滑嫩软烂，富含维生素C，可润肠排毒，有助于增强免疫力、记忆力。

烹饪示范视频

八宝素菜

① 材 料

- **主料** 大白菜500g，笋尖75g，板栗75g，熟面筋50g，干香菇25g，干草菇25g，
  干腐竹25g，海发菜6g。

- **辅料** 猪五花肉100g，火腿10g。

- **调料** 食用盐2.5g，味精5g，料酒15mL，芝麻油10mL，生粉30g，上汤1500mL，
  食用油750mL（约耗100mL）。

1. 海发菜先用温水浸泡，洗净后控干水分待用。

2. 将大白菜洗净后改刀切成约2cm×7cm的段，焯水浸凉待用。

3. 笋尖改刀切成约2cm×2cm×7cm的楔形状。

4. 干腐竹冷水涨发后切成约7cm长的段，焯水备用，板栗焯水去皮。

5. 猪五花肉切厚片，厚度约为5mm。

6. 干草菇用冷水浸泡30min，洗净后控干水分，去除根部。

7. 干香菇用冷水浸泡60min，洗净后，去除根部，控干水分后片开。

8. 火腿切片，熟面筋切条。

9. 砂锅加竹篾垫底。

10. 烧热炒锅倒入食用油，油温加热至120℃时，将香菇、草菇和笋尖分别投入油锅中炸15s，将板栗投入油锅中炸熟，依次盛入砂锅。

11. 将炒锅中食用油倒回油锅，投入猪五花肉煸炒出油后，烹入料酒，投入白菜段，中火煸炒30s后盛入砂锅。砂锅中放入腐竹和火腿、面筋条。

12. 在炒锅中加入上汤，烧开后加入食用盐，倒入砂锅中。砂锅加盖，大火烧开后转小火慢煨25min后熄火，将竹篾连同原料整体取出，拣去火腿和猪五花肉。

13. 取一碗，将海发菜摆在中间，将其余六种主料（除白菜）逐一摆在周围，最后加入白菜段，灌入砂锅中的原汤，入蒸笼蒸15min后取出，滗出汤汁。

14. 将蒸好的菜品原汤倒入锅中，加入味精，将生粉加水勾成琉璃芡，加入芝麻油、包尾油，将碗中食材反扣在盘中，将芡汁均匀淋上。

3 主要营养成分

项目	每100g	营养素参考值（NRV）
能量（kcal）	61	3.00%
蛋白质（g）	2.9	4.80%
脂肪（g）	5.9	9.80%
碳水化合物（g）	5.6	1.90%
膳食纤维（g）	0.8	3.20%
胆固醇（mg）	3	1.00%
钠（mg）	77.7	3.90%
钾（mg）	82.3	4.10%
钙（mg）	18	2.20%
铁（mg）	1	6.70%
锌（mg）	0.43	2.90%

4 主要营养价值

此道菜品的素菜原料十分丰富，包括白菜、竹笋、板栗、香菇、草菇、海发菜以及面筋、腐竹等豆制品，可同时补充膳食纤维、蛋白质、维生素等。猪五花肉、火腿的加入，补充了脂肪等营养成分，既提升了菜品风味，又使得菜品营养更为丰富。本菜品热量较低，有助于减肥。

烹饪示范视频

干煎厚合粿

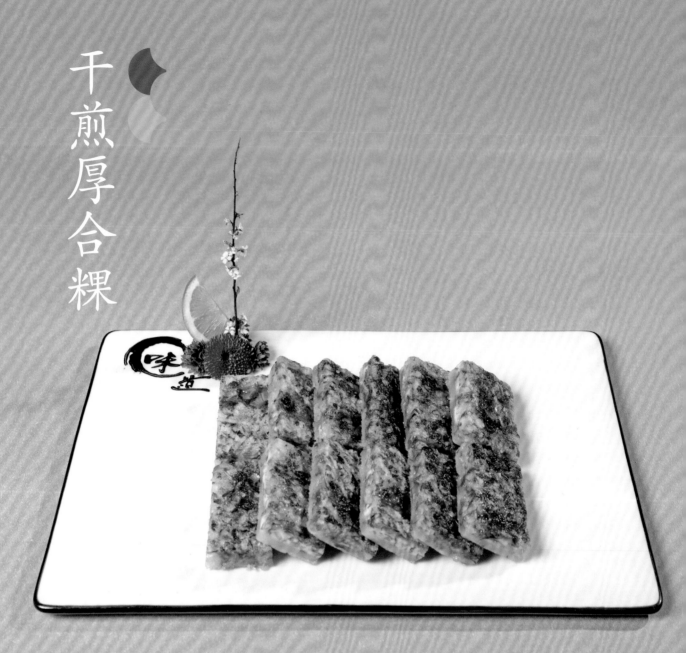

1 材 料

- **主料**　厚合（莙达菜）750g，红薯粉200g。

- **辅料**　澄面20g，生粉20g，姜50g。

- **调料**　食用盐30g。

① 将厚合切碎，用25g食用盐抓拌均匀，腌制50min至厚合脱水变软。

② 将处理好的厚合漂洗净食用盐分，控干水分待用。

③ 将姜切末待用。

④ 将红薯粉、澄面、生粉混合均匀，加入约100mL水和匀，放入姜末、厚合、5g食用盐搅拌均匀，放入方形铁盘中。入蒸笼中火蒸制20min后让其自然冷却。

⑤ 将冷却后的厚合粿切成4cm×6cm的块，用平底锅煎至两面金黄即可。

③ 主要营养成分

项目	每100g	营养素参考值（NRV）
能量（kcal）	86	4.3%
蛋白质（g）	1.8	3.0%
脂肪（g）	0.2	0%
碳水化合物（g）	19.2	6.4%
膳食纤维（g）	1.9	7.9%
钠（mg）	500.7	25.0%
钾（mg）	210.7	10.5%
钙（mg）	56	7.0%
铁（mg）	2.7	18.0%
锌（mg）	0.18	1.2%

④ 主要营养价值

厚合即为莙荙菜，含有纤维素、胡萝卜素、钙、钾等。此道菜品膳食纤维含量高，有助于利肠通便，加入红薯粉后补充了碳水化合物等营养成分，食用可补充能量，还具有清热去火、行瘀活血等功效。

烹饪示范视频

云腿护国菜

❶ 材 料

- **主料** 净红薯叶250g，火腿末5g。

- **辅料** 猪瘦肉100g，干草菇10g，生粉40g，小苏打2g，饮用水90mL。

- **调料** 食用盐5g，味精5g，鱼露6mL，鸡油30mL，猪油30mL，上汤1000mL。

2 烹饪方法

1. 干草菇用冷水浸泡30min后，去除根部泥沙，用清水洗干净后控干水分。猪瘦肉焯水后洗净待用。

2. 锅里下10mL鸡油，慢火煸炒草菇，20s后加入100mL上汤，出锅装入炖盅，加焯水好的瘦肉、2g食用盐、放入蒸笼醉30min后，取出瘦肉，草菇沥干水分并剁成末，原汤留用。

3. 红薯叶择去叶梗，清洗干净。锅里烧开水，下小苏打，红薯叶下锅焯水30s，捞起用流动水漂洗，挤去水分，用刀剁成菜蓉。

4. 净锅中加入300mL上汤，调入2g味精、2mL鱼露，用10g生粉加30mL饮用水和匀后勾薄芡，再加入10mL鸡油，推匀成清汤羹后，用碗盛起待用。

5. 锅洗净烧干，下30g猪油，投入菜蓉，慢火翻炒15s后，缓缓推入600mL上汤和醉草菇的汤。烧开后转慢火，调入3g食用盐、3g味精、4mL鱼露，30g生粉用60mL饮用水和匀后勾芡。再加入10mL鸡油推匀成素菜羹。

6. 先将素菜羹装入汤窝，再将清汤羹轻轻余入素菜羹里，使其形成二色掩映的状态，投入草菇末和火腿末即成。

3 主要营养成分

项目	每100g	营养素参考值（NRV）
能量（kcal）	57	2.8%
蛋白质（g）	1.9	3.2%
脂肪（g）	7.2	12.0%
碳水化合物（g）	3.1	1.0%
膳食纤维（g）	0.4	1.6%
胆固醇（mg）	8	2.7%
钠（mg）	194.8	9.7%
钾（mg）	42.3	2.1%
钙（mg）	28	3.5%
铁（mg）	0.5	3.3%
锌（mg）	0.26	1.7%

4 主要营养价值

红薯叶含有丰富的纤维素、维生素A以及钙、磷、铁等矿物质，与常见蔬菜比较，红薯叶的矿物质与维生素的含量均属上乘，有"蔬菜皇后"美称。红薯叶制成菜羹，色泽碧绿，醇香软滑，加入猪瘦肉、香菇等，可补充多种营养，还可改善便秘、调节血压。

烹饪示范视频

荷包洋菜花

① 材料

- **主料** 洋菜花800g。

- **辅料** 猪五花肉200g，湿香菇50g，干贝20g，干虾米10g，芫荽10g，生粉20g。

- **调料** 食用盐10g，味精3g，胡椒粉2g，鱼露20mL，芝麻油2mL，上汤200mL，
  食用油1000mL（约耗75mL）。

2 烹饪方法

1. 将猪五花肉去皮切成肉碎，湿香菇、涨发的干贝、干虾米切成碎末，加入味精、食用盐、胡椒粉、适量生粉，拌成馅待用。

2. 洋菜花切小块，锅烧开水，洋菜花焯约3min捞起漂凉晾干，再将肉馅酿入里面。

3. 热锅烧油，待油温升至120℃，将洋菜花放入油里炸3min捞起，放入笊篱沥去油。

4. 把洋菜花放在大碗内，加入上汤、鱼露，入蒸笼蒸15min取出沥出原汁，倒扣装盘。

5. 原汁下锅调味，用适量生粉加水勾芡，加入芝麻油，淋在菜品上即成，周边配芫荽。

3 主要营养成分

项目	每100g	营养素参考值（NRV）
能量（kcal）	134	6.7%
蛋白质（g）	4.7	7.8%
脂肪（g）	11.6	19.3%
碳水化合物（g）	4.2	1.4%
膳食纤维（g）	1.8	7.2%
胆固醇（mg）	20	6.7%
钠（mg）	492.8	24.6%
钾（mg）	178.4	8.9%
钙（mg）	27	3.4%
铁（mg）	1	6.7%
锌（mg）	0.7	4.7%

4 主要营养价值

洋菜花含有膳食纤维以及多种维生素、矿物质，其中维生素C的含量比一般蔬菜较高。此外，洋菜花中含有类黄酮，可预防心血管疾病。此道菜品嫩香滑烂，膳食纤维含量丰富，有助于通便健肠。除了洋菜花，还加入猪五花肉、香菇、干贝、虾米等，营养更为全面。

烹饪示范视频

清汤苦刺丸

材料

- **主料**　猪肉胶250g，苦刺50g。

- **辅料**　蒜头油5g。

- **调料**　鱼露5mL，味精5g，胡椒粉2g。

② 烹饪方法

① 苦刺取嫩叶洗净，放入锅中焯水至断生，捞出后放入冰水中浸泡待用。

② 将苦刺叶控干水分，剁碎后放入猪肉胶中，混合并拍打均匀。

③ 通过虎口挤出肉胶，利用勺子刮取肉丸并投入约80℃的水中，小火煮至肉丸浮起，用味精、胡椒粉、鱼露进行调味。

④ 食用时加入蒜头油。

③ 主要营养成分

项目	每100g	营养素参考值（NRV）
能量（kcal）	273	10.7%
蛋白质（g）	9.5	15.8%
脂肪（g）	25.2	42.0%
碳水化合物（g）	2.2	1.0%
膳食纤维（g）	0.4	1.6%
胆固醇（mg）	52	17.3%
钠（mg）	266.2	13.3%
钾（mg）	135.3	6.8%
钙（mg）	13	1.6%
铁（mg）	1.3	8.7%
锌（mg）	1.43	9.5%

④ 主要营养价值

苦刺富含维生素、纤维素、酸与果胶。将苦刺与猪肉胶制成丸子同食，可补充营养，同时可起到清热祛湿、利尿降火、健脾开胃、清肝明目等功效。

烹饪示范视频

香芋芡实煲

1 材 料

- **主料** 鲜芡实200g，芋头（去皮）100g，虾仁50g。

- **辅料** 湿香菇50g，胡萝卜50g，葱20g。

- **调料** 味精5g，食用盐4g，胡椒粉2g，芝麻油3mL，食用油500mL（约耗75mL），上汤500mL，三花淡奶30mL。

2 烹饪方法

① 芡实焯水2min后捞出洗净备用。

② 芋头切成1cm大小的丁，然后下入油锅炸至金黄酥脆，捞出控油。

③ 香菇、胡萝卜切丁，葱切粒。

④ 虾仁切丁后焯水，胡萝卜丁焯水，捞出洗净备用。

⑤ 锅中加入适量食用油，放入香菇丁、葱粒煸炒，再放入芡实、虾仁、胡萝卜丁，加入上汤，大火烧开后加入食用盐、味精、胡椒粉、三花淡奶、芝麻油进行调味，再将炸好的芋头一同放入锅中烹制。

⑥ 将烹制好的所有原料放入砂锅中，放在炉灶上烧开，加入包尾油即成。

3 主要营养成分

项目	每100g	营养素参考值（NRV）
能量（kcal）	122	6.1%
蛋白质（g）	3.9	6.5%
脂肪（g）	9.9	16.5%
碳水化合物（g）	9	3.0%
膳食纤维（g）	1	4.0%
胆固醇（mg）	25	8.3%
钠（mg）	464.1	23.2%
钾（mg）	50.6	2.5%
钙（mg）	35	4.4%
铁（mg）	0.9	6.0%
锌（mg）	0.5	3.3%

4 主要营养价值

芋头中富含碳水化合物、蛋白质以及多种矿物质、维生素，特别是氟的含量较高，可以保护牙齿，洁齿防龋。此道菜品鲜甜浓郁，主要食用芡实与芋头，可补充碳水化合物，加上虾仁、香菇、胡萝卜，营养较为丰富，可开胃进食、补中益气。

烹饪示范视频

香酥秋瓜烙

1 材料

- **主料** 秋瓜350g，生粉70g。

- **辅料** 冬瓜糖5g，芹菜6g，熟白芝麻10g，熟花生20g。

- **调料** 食用油1500mL（约耗100mL），白糖粉30g。

② 烹饪方法

① 秋瓜去皮，切成0.3cm×0.3cm×6cm的粗丝。

② 冬瓜糖切细丝，芹菜切末待用。

③ 将秋瓜、冬瓜糖、芹菜混合后，加入生粉拌匀。

④ 将熟白芝麻、熟花生打碎，与白糖粉拌匀制成果仁糖粉。

⑤ 将锅烧热倒入食用油，用中火加热至160℃，把热油倒入油锅待用。

⑥ 热锅温油，把拌好粉的秋瓜丝平铺在炒锅底部，略微按压定形，慢慢注入热油炸至酥脆捞出，控干油分。

⑦ 将秋瓜烙改刀切成4cm×8cm的长方块，撒上果仁糖粉即可。

③ 主要营养成分

项目	每100g	营养素参考值（NRV）
能量（kcal）	255	12.7%
蛋白质（g）	2	3.3%
脂肪（g）	19.2	32.0%
碳水化合物（g）	18.5	6.2%
膳食纤维（g）	0.7	2.8%
钠（mg）	33	1.6%
钾（mg）	102.3	5.1%
钙（mg）	47	5.9%
铁（mg）	1.4	9.3%
锌（mg）	0.49	3.3%

④ 主要营养价值

秋瓜即为丝瓜，含水量高，含有钙、铁、磷、B族维生素、维生素C，具有清热解毒、凉血止血的功效。此道菜品口感外酥内嫩，碳水化合物以及脂肪含量高，能为人体提供必需能量，可以解毒通便、利尿消肿。

烹饪示范视频

脆炸蔬菜卷

- **主料** 鲜香菇60g，鲜杏鲍菇60g，莴笋60g，白菜60g，马蹄肉60g，韭菜50g。

- **辅料** 威化纸10张，香炸粉100g。

- **调料** XO酱30g，味精2g，胡椒粉1g，食用盐6g，芝麻油2mL，生粉20g，梅膏酱
  20g，食用油1500mL（约耗100mL）。

2 烹饪方法

1. 将鲜香菇、鲜杏鲍菇、莴笋、白菜、马蹄肉、韭菜洗净切成细粒，起锅烧水，水中加3g食用盐，分别焯水，捞干备用。

2. 炒锅烧热加入50mL食用油，将上列细粒（除韭菜外）下锅炒制，加入XO酱、味精、3g食用盐、胡椒粉、芝麻油调味，加入2g生粉兑水勾芡，做成馅料。

3. 取威化纸一张，放入一份馅料，包成5cm×2.5cm的枕包状。

4. 韭菜加100mL水放入榨汁机里榨取韭菜汁。用香炸粉、余下生粉、15mL食用油和韭菜汁调成脆炸浆。

5. 热锅下食用油，猛火烧热炒锅，加入剩余食用油，油温约160℃时火力调成小火，蔬菜卷挂浆逐个下油锅炸至酥脆，捞起控油装盘。上桌时以梅膏酱为酱碟。

3 主要营养成分

项目	每100g	营养素参考值（NRV）
能量（kcal）	267	13.3%
蛋白质（g）	3.5	5.8%
脂肪（g）	18.9	31.5%
碳水化合物（g）	20.2	6.7%
膳食纤维（g）	1	4.0%
钠（mg）	205.5	10.3%
钾（mg）	154.1	7.7%
钙（mg）	16	2.0%
铁（mg）	1.1	7.3%
锌（mg）	0.39	2.6%

4 主要营养价值

此菜品以6种蔬果为主料，可一次性补充多种食物的多种营养成分，特别是膳食纤维以及维生素、矿物质。此道菜品外酥里嫩，脂肪含量高，可提供人体必需能量，具有健脾益胃的作用。

烹饪示范视频

时令炆三冬

1 材料

- **主料** 冬笋肉300g，湿冬菇200g，冬菜25g。

- **辅料** 猪五花肉150g。

- **调料** 味精5g，食用盐2g，芝麻油1mL，上汤400mL，食用油750mL（约耗75mL），
  生粉10g。

2 烹饪方法

1. 将冬笋肉切成笋尖，用开水煮熟。冬菜用清水洗净，猪五花肉切块，冬菇浸洗干净，挤干水分待用。

2. 热锅烧油，待油温升至120℃时放入冬菇、冬笋炸2min，捞起控油。

3. 猪五花肉爆香，加入上汤、冬笋、冬菇共焖。焖至将近收汁时，取出猪五花肉，加入冬菜、味精、食用盐，再略焖一下。

4. 用生粉兑水勾芡，淋上芝麻油即成。

3 主要营养成分

项目	每100g	营养素参考值（NRV）
能量（kcal）	150	7.5%
蛋白质（g）	2.9	4.8%
脂肪（g）	15.6	26.0%
碳水化合物（g）	3.5	1.2%
膳食纤维（g）	0.9	3.6%
胆固醇（mg）	14	4.7%
钠（mg）	273.8	13.7%
钾（mg）	40	2.0%
钙（mg）	11	1.4%
铁（mg）	0.5	3.3%
锌（mg）	0.4	2.7%

4 主要营养价值

冬笋含有维生素以及钙、磷、铁等矿物质及丰富的膳食纤维。冬菇具有高蛋白、低脂肪的特点，且含有多糖、多种氨基酸和维生素。此菜品以冬季时令食材入菜，主要食用冬笋、冬菇，加以猪五花肉，具有开胃健脾、养肝明目的功效。

烹饪示范视频

厚菇炆芥菜

材　料

- **主料**　大芥菜心1kg，厚菇40g，猪粗骨300g。

- **辅料**　猪五花肉200g，熟火腿片20g，纯碱2g，生粉2g，姜10g。

- **调料**　食用盐10g，味精10g，胡椒粉1g，鸡油15mL，料酒2mL，芝麻油1mL，
  上汤1000mL，猪油750g（约耗100g）。

1. 将厚菇去茎，浸发待用。将大芥菜心切块，猪五花肉、猪粗骨各斩成4块。

2. 开水中加入纯碱，放入芥菜泡灼后捞出，用清水漂去碱味。

3. 厚菇挤干水分，与鸡油一起下锅炒香后加入上汤煮熟，盛起待用。猪油下锅烧热，放入芥菜爆透，捞起待用。猪五花肉、猪粗骨下锅，加入料酒爆香，加入厚菇汤煮开。

4. 砂锅用竹篾片垫底。将芥菜放进砂锅，厚菇连汤、猪五花肉、猪粗骨、姜盖在芥菜上面，加食用盐，用文火焖30min。取出猪五花肉、猪粗骨，滤出原汤待用。

5. 把熟火腿片、芥菜摆在碗里，厚菇放在碗面四周，加入原汤，入蒸笼蒸约20min后滤出原汤。将碗倒扣在盘子上，去碗。

6. 原汤下锅，加入味精、胡椒粉、芝麻油、生粉水勾芡，淋在芥菜上面即成。

3 主要营养成分

项目	每100g	营养素参考值（NRV）
能量（kcal）	116	5.8%
蛋白质（g）	3.7	6.2%
脂肪（g）	12.6	21.0%
碳水化合物（g）	1.2	0.4%
膳食纤维（g）	0.4	1.6%
胆固醇（mg）	31	10.3%
钠（mg）	218.4	10.9%
钾（mg）	133.1	6.7%
钙（mg）	11	1.4%
铁（mg）	0.7	4.7%
锌（mg）	0.52	3.5%

4 主要营养价值

芥菜含钙、磷、维生素A、B族维生素、维生素C和维生素D，膳食纤维含量高。芥菜与猪粗骨、猪五花肉同食，可补充热量，同时具有利肺化痰、消肿散结等功效。

烹饪示范视频

玉枕白菜

材料

- **主料** 白菜500g，虾肉100g，猪瘦肉75g。

- **辅料** 猪白膘肉20g，火腿末20g，湿香菇20g，鸡蛋1个，红辣椒1个。

- **调料** 食用盐5g，味精5g，胡椒粉1g，芝麻油1mL，生粉10g，上汤100mL，
  猪油750g（约耗75g）。

① 将白菜去掉外瓣，取出嫩叶，切成长约15cm、宽约12cm的片，洗净用滚水焯熟漂冷水，晾干水分。

② 把虾肉、猪瘦肉、猪白膘肉、湿香菇、红辣椒均切成末。

③ 把虾肉、猪瘦肉、猪白膘肉加入火腿末、4g食用盐、4g味精、蛋清、胡椒粉、适量生粉搅匀成馅料，分为12粒待用。

④ 将白菜披在砧板上，放上馅料1粒，包制成长约4cm的枕包形状，包口蘸上少许生粉。

⑤ 烧热锅倒入猪油，待油热时，将菜包放入油锅熘炸一下，倒出猪油，用文火煎至两面呈浅金黄色加入上汤、1g食用盐、1g味精焖10min，下适量生粉勾芡，淋上芝麻油，起锅装盘即成。

3 主要营养成分

项目	每100g	营养素参考值（NRV）
能量（kcal）	141	7.0%
蛋白质（g）	6	10.0%
脂肪（g）	11.6	19.3%
碳水化合物（g）	4.2	1.4%
膳食纤维（g）	0.6	2.4%
胆固醇（mg）	73	24.3%
钠（mg）	322.3	16.1%
钾（mg）	141.9	7.1%
钙（mg）	41	5.1%
铁（mg）	1.1	7.3%
锌（mg）	0.97	6.5%

4 主要营养价值

大白菜富含维生素B_1、维生素B_2、维生素C、膳食纤维以及钙、磷、铁等，此道菜品形似枕头，香滑鲜嫩，有清热除烦、解渴利尿、通利肠胃的功效。

烹饪示范视频

炆酿黄瓜

- 主料　黄瓜500g，鲜虾肉150g，猪瘦肉125g。

- 辅料　虾米25g，湿香菇25g，干生粉20g，鲽脯末10g。

- 调料　味精5g，食用盐5g，胡椒粉1g，鱼露5mL，猪油750g（约耗100g），上汤200mL。

② 烹饪方法

❶ 将黄瓜去掉头尾，削皮，切成长约2.5cm的段，用模型筒捅去瓜瓤待用。

❷ 把猪瘦肉、鲜虾肉、虾米切薄剁烂，盛于碗中，加入3g味精、食用盐、鲽脯末、胡椒粉拌成肉馅。

❸ 将黄瓜圈放入开水锅焯过取出，用冷水漂凉，晾干。

❹ 把肉馅酿入黄瓜圈内，两端蘸上干生粉。

❺ 热锅下油，待油温升至160℃时，放入酿黄瓜，炸约3min，捞起控油。

❻ 热锅下50g猪油，香菇下锅爆香，放入黄瓜、上汤，用小火焖约15min，加入2g味精、鱼露、胡椒粉，用生粉兑水勾芡，下包尾油，装盘即成。

③ 主要营养成分

项目	每100g	营养素参考值（NRV）
能量（kcal）	115	5.7%
蛋白质（g）	5.8	9.7%
脂肪（g）	9.1	15.2%
碳水化合物（g）	4.4	1.5%
膳食纤维（g）	0.3	1.2%
胆固醇（mg）	52	17.3%
钠（mg）	370.5	18.5%
钾（mg）	115.4	5.8%
钙（mg）	31	3.9%
铁（mg）	1.2	8.0%
锌（mg）	0.84	5.6%

④ 主要营养价值

黄瓜含大量水分，含有丰富的B族维生素、维生素C、烟酸、糖类等营养成分。此菜品主要食用黄瓜，加上虾肉、猪瘦肉，营养丰富，具有清热解毒、利水、增强体质等功效。

烹饪示范视频

菜头粿芥蓝

❶ 材 料 ❍

- **主料** 芥蓝300g，萝卜糕300g。

- **辅料** 红辣椒10g。

- **调料** 味精3g，胡椒粉0.5g，鱼露4mL，芝麻油1mL，上汤50mL，猪油50g，
  食用油600mL（约耗100mL），生粉3g。

2 烹饪方法

1 将红辣椒切丝，芥蓝斜刀切成长5cm的段。

2 将萝卜糕切成2cm×2cm×6cm的规格。

3 锅中倒油，用猛火烧热油温至170℃左右，投入萝卜糕炸至金黄色（表皮酥脆）。

4 炒锅烧热加入猪油，放入芥蓝、红辣椒丝爆炒均匀，再加入上汤、鱼露、味精、胡椒粉、芝麻油调味，并用生粉水勾薄芡，倒入炸好的萝卜糕炒匀装盘即成。

3 主要营养成分

项目	每100g	营养素参考值（NRV）
能量（kcal）	134	7%
蛋白质（g）	2.3	4%
脂肪（g）	6.4	11%
碳水化合物（g）	16.9	6%
钠（mg）	181	9%
钾（mg）	107	5%
钙（mg）	26	3%
铁（mg）	0.6	4%
锌（mg）	0.73	5%

4 主要营养价值

　　芥蓝含丰富的水分、膳食纤维、维生素C以及矿物质。萝卜糕由白萝卜与大米糊制成，含有较多的碳水化合物。此道菜品脆嫩软绵，咸香鲜美，可同时补充能量以及多种营养成分，还可消食导滞、润肠通便。

烹饪示范视频

川贝炖枇杷

❶ 材 料

● 主料　枇杷10颗，排骨200g。

● 辅料　川贝5g，姜10g，葱10g。

● 调料　冰糖5g，食用盐5g，料酒10mL，白醋3mL。

② 烹饪方法

① 枇杷剥去外皮，去除果核，放入水中（滴入几滴白醋）浸泡。

② 排骨斩件，冷水下锅，放入姜、葱、料酒，焯水捞出洗净。

③ 处理好的排骨放入炖盅中，放入川贝、水封盖，放入蒸笼中火蒸50min后取出，投入枇杷果肉，再封盖蒸炖10min，加入冰糖、食用盐进行调味即成。

③ 主要营养成分

项目	每100g	营养素参考值（NRV）
能量（kcal）	63	3.1%
蛋白质（g）	14.2	23.7%
脂肪（g）	5.3	8.8%
碳水化合物（g）	4.5	1.5%
膳食纤维（g）	0.7	2.8%
胆固醇（mg）	10	3.3%
钠（mg）	191.6	9.6%
钾（mg）	155.4	7.8%
钙（mg）	19	2.4%
铁（mg）	0.9	6.0%
锌（mg）	0.36	2.4%

④ 主要营养价值

枇杷里含有丰富的纤维素、胡萝卜素、果胶、柠檬酸以及维生素等，还含有钙、磷、铁、钾等多种微量元素。川贝具有清热镇咳的功效，与排骨、枇杷炖汤共食，可补充能量、蛋白质，同时有利于心脏健康，能起到清热润肺、化痰止咳的作用。

烹饪示范视频

炸夹心香蕉

① 材料

- **主料** 香蕉6个（约800g）。

- **辅料** 猪白膘肉50g，冬瓜糖50g，橘饼100g，熟白芝麻10g，鸡蛋1个，香炸粉200g。

- **调料** 白糖粉100g，食用油750mL（约耗75mL）。

① 将香蕉去皮，切去头尾备用。

② 将香蕉肉轻压扁，切成长约4cm的段，再用刀片开，注意不要切断，两片相连。

③ 将猪白膘肉放入开水锅泡熟捞起，用50g白糖粉腌制呈透明状。

④ 将冬瓜糖片薄，猪白膘肉切片，橘饼切片，长宽约4cm×3cm。每块香蕉夹入猪白膘肉、冬瓜糖、橘饼各一片后拍上一层薄薄的生粉。

⑤ 将鸡蛋打散，加入香炸粉、10mL食用油、50mL清水搅匀成蛋糊。

⑥ 热锅下油，烧热至120℃，取香蕉段裹上蛋糊后下锅炸至黄金色捞起，摆入盘中。

⑦ 将白芝麻、50g白糖粉拌匀撒在上面即成。

③　主要营养成分

项目	每100g	营养素参考值（NRV）
能量（kcal）	230	11.5%
蛋白质（g）	3.3	5.5%
脂肪（g）	9.8	16.3%
碳水化合物（g）	32	10.7%
膳食纤维（g）	0.9	3.6%
胆固醇（mg）	26	8.7%
钠（mg）	65.8	3.3%
钾（mg）	208.5	10.4%
钙（mg）	14	1.8%
铁（mg）	0.8	5.3%
锌（mg）	0.28	1.9%

④　主要营养价值

　　香蕉含糖量高，含一定量的钾、钙、磷等矿物质以及多种维生素。此外，香蕉还含有可溶性纤维，可促进胃肠蠕动。此道菜品用香蕉入菜，加入猪白膘肉、鸡蛋等，外酥里嫩，清香可口，具有补充能量、改善便秘等功效。

烹饪示范视频

金钱香酥柑

① 材料

- **主料**　蜜柑500g。

- **辅料**　冬瓜糖100g，橘饼100g，猪白膘肉100g，熟白芝麻15g，鸡蛋2个，面粉100g。

- **调料**　砂糖50g，干生粉20g，食用油750mL（约耗100mL）。

2 烹饪方法

1. 先将蜜柑剥去皮，柑肉一片一片分离，去掉丝络。用80℃开水泡过，去其酸质后，平刀从柑肉外逐片分瓣，但不要切断，使之两边相连，展开呈圆形，同时剔去柑核待用。

2. 将猪白朥肉下开水锅余泡一下，取出沥去水分，用砂糖腌制。

3. 将冬瓜糖、橘饼、猪白朥肉切成圆形片。

4. 取出1片柑片，放上冬瓜糖片、橘饼片、猪白朥肉片各一片，再取出1片柑片盖上，使之呈金钱形状，逐个夹好后涂上干生粉，用盘盛装。

5. 面粉中打入鸡蛋，加入适量清水，搅拌均匀，调成蛋面浆，再将金钱柑片逐个蘸上蛋面浆，放进旺火沸油的锅中炸熟，取起盛入盘中，撒上白芝麻即成。

3 主要营养成分

项目	每100g	营养素参考值（NRV）
能量（kcal）	224	11.2%
蛋白质（g）	3.3	5.5%
脂肪（g）	10.5	17.5%
碳水化合物（g）	29.6	9.8%
膳食纤维（g）	1.1	4.4%
胆固醇（mg）	64	21.3%
钠（mg）	201.2	10.1%
钾（mg）	122.5	6.1%
钙（mg）	41	5.1%
铁（mg）	0.8	5.3%
锌（mg）	0.37	2.5%

4 主要营养价值

柑橘含有丰富的胡萝卜素、维生素C、B族维生素、膳食纤维等，其中维生素C含量最为丰富。此道菜品以蜜柑入菜，外酥里嫩，清香可口，增加猪白朥肉、鸡蛋、面粉等，营养更为均衡，食用可生津止渴、润肠通便，增强免疫力。

烹饪示范视频

清甜三莲汤

- **主料** 菱角250g，鲜莲子250g，莲花1朵或莲叶1张，枸杞适量。

- **调料** 白糖100g，食用盐2g。

① 将鲜莲子焯水洗净，去除莲子心待用。

② 将菱角焯水后撕去外膜待用。

③ 将莲花或莲叶清洗干净待用。

④ 锅中加入适量清水、食用盐，放入菱角小火熬煮5min后加入莲子，再小火熬煮5min。

⑤ 原汤中加入白糖进行调味，放入莲叶或莲花，涮约20s后捞去莲叶或莲花，将清甜三莲汤装入碗中，用枸杞点缀即可。

3 主要营养成分

项目	每100g	营养素参考值（NRV）
能量（kcal）	192	9.6%
蛋白质（g）	6	10.0%
脂肪（g）	0.7	1.0%
碳水化合物（g）	40.3	13.4%
膳食纤维（g）	1.7	6.8%
钠（mg）	18	1.0%
钾（mg）	370.9	18.5%
钙（mg）	185	23.1%
铁（mg）	3.7	24.7%
锌（mg）	1.09	7.3%

4 主要营养价值

此菜品属于应季菜品，利于解暑，主要食用菱角与莲子，两者皆富含碳水化合物以及多种维生素、矿物质，脂肪相对较低。食用此菜品，可减肥瘦身、补脾益胃，加上莲花或莲叶共煮，可以起到补中益气、解暑排毒、滋阴降火等功效。

烹饪示范视频

蜜浸甜莲藕

材料

- **主料** 莲藕500g，白糯米100g。

- **辅料** 鲜柑皮20g，猪白膘肉100g，熟白芝麻2g。

- **调料** 白糖1000g，蜂蜜20g，食用盐2g。

❶ 将糯米浸泡20min。

❷ 将莲藕削去外皮，切去头、尾。柑皮去白膜后切块。猪白膘肉切薄片待用。

❸ 将糯米酿入莲藕中，用牙签扎在封口位置，下锅水煮60min后捞出。

❹ 锅中下白糖，以6∶4的比例加入水熬制糖浆，熬至糖浆拉起呈垂丝的状态，放入熟莲藕、猪白膘肉、柑皮、食用盐，烧开后转小火熬煮30分钟。

❺ 将熬煮好的莲藕捞起切片，淋上蜂蜜，撒上熟白芝麻即成。

③ 主要营养成分

项目	每100g	营养素参考值（NRV）
能量（kcal）	318	15.8%
蛋白质（g）	0.8	1.3%
脂肪（g）	5.3	8.8%
碳水化合物（g）	66.4	22.1%
膳食纤维（g）	0.6	2.4%
胆固醇（mg）	6	2.0%
钠（mg）	11.3	1.0%
钾（mg）	97.7	4.9%
钙（mg）	20	2.5%
铁（mg）	0.3	2.0%
锌（mg）	0.2	1.3%

④ 主要营养价值

　　莲藕含有丰富的碳水化合物、纤维素、铁、钙、磷及多种维生素。白糯米含有丰富的淀粉，是温补强壮食品，对食欲不佳、腹胀腹泻有一定缓解作用。此道菜品碳水化合物含量丰富，可补充能量，增强抵抗力，起到益胃养血的功效。

烹饪示范视频

姜薯清甜汤

1 材 料

- 主料　姜薯300g。

- 辅料　鸡蛋2个。

- 调料　白糖125g，清水750mL。

2 烹饪方法

① 姜薯洗净削皮，浸水里防止发黄，用刀切成薄片。

② 砂锅放清水，水烧开后，加入白糖搅拌溶化。

③ 把姜薯放进糖水中，开大火煮沸，撇去浮沫。鸡蛋打成蛋液，将蛋液慢慢倒入，盛入碗中即成。

3 主要营养成分

项目	每100g	营养素参考值（NRV）
能量（kcal）	43	2.1%
蛋白质（g）	2.1	3.5%
脂肪（g）	0.8	1.3%
碳水化合物（g）	6.9	2.3%
胆固醇（mg）	51	17.0%
膳食纤维（g）	0.2	1.0%
钠（mg）	17.1	1.0%
钾（mg）	14.1	1.0%
钙（mg）	7	1.0%
铁（mg）	0.2	1.3%
锌（mg）	0.12	1.0%

4 主要营养价值

姜薯富含碳水化合物，含有丰富黏液蛋白以及丰富的矿物质。此道菜品含有丰富的可溶性纤维，有通便健体的功效，并可预防血糖升高、健脾和胃。

烹饪示范视频

返沙香芋头

1 材料

● **主料** 净芋头约1000g。

● **辅料** 青葱20g，白醋10mL。

● **调料** 白糖400g。

① 将芋头洗净切成2cm×2cm×6cm的长条，青葱切成葱粒。

② 炒锅加水煮沸后，将芋条快速焯水，去除表面淀粉后捞起。

③ 热锅下油，加热至120℃，将芋头倒入油锅中浸炸，在这期间不断翻搅锅内的芋头条，让其受热均匀，直至芋头炸熟浮起，捞出控油。

④ 净锅，按照4:1的比例加入白糖和清水，煮沸，改小火慢熬并不断搅拌，待至糖浆的泡沫由大变小，呈浓稠状时，端离火位。加入白醋、葱粒，用锅铲迅速翻匀，倒入芋头条，让其裹上糖浆。

⑤ 翻炒至外表起白霜，装盘即可。

3 主要营养成分

项目	每100g	营养素参考值（NRV）
能量（kcal）	168	8.4%
蛋白质（g）	0.9	1.5%
脂肪（g）	0.1	0%
碳水化合物（g）	40.9	13.6%
膳食纤维（g）	0.7	2.8%
胆固醇（mg）	0	0%
钠（mg）	5.4	0%
钾（mg）	20	1.0%
钙（mg）	8	1.0%
铁（mg）	0.4	2.7%
锌（mg）	0.12	1.0%

4 主要营养价值

芋头富含碳水化合物、膳食纤维以及多种微量元素，具有补中益气、减肥、宽肠通便等功效。此道菜品清香可口，咸中带鲜，碳水化合物含量高，可作为主食提供能量。

烹饪示范视频

椰蓉炸油角

1 材料

- **主料**　红肉红薯600g，椰蓉50g。

- **辅料**　熟花生100g，熟白芝麻60g，冬瓜糖60g，糯米粉120g，吉士粉10g。

- **调料**　白砂糖130g，食用油1000mL（约耗100mL）。

② 烹饪方法

① 将红肉红薯去皮洗净，切片后蒸熟取出后压成泥，趁热加入100g糯米粉、10g吉士粉、50g白砂糖、20mL食用油揉搓成剂子待用，另外20g糯米粉用于制作成形。

② 将熟白芝麻、熟花生压碎，冬瓜糖切丁。

③ 将椰蓉、熟白芝麻、熟花生碎、冬瓜糖丁、80g白砂糖混合，搅拌成馅。

④ 将皮分成40g一份，包入20g馅料，皮包上馅后包成三角形状的椰蓉油角。

⑤ 热锅加入食用油，待油温升至160℃，放入椰蓉油角，炸至金黄色捞出，装盘即成。

③ 主要营养成分

项目	每100g	营养素参考值（NRV）
能量（kcal）	291	14.5%
蛋白质（g）	4.1	6.8%
脂肪（g）	16	26.7%
碳水化合物（g）	32.5	10.8%
膳食纤维（g）	1.6	6.4%
胆固醇（mg）	0	0%
钠（mg）	149.9	7.5%
钾（mg）	113.1	5.7%
钙（mg）	65	8.1%
铁（mg）	1.8	12.0%
锌（mg）	0.61	4.1%

④ 主要营养价值

红薯富含碳水化合物、蛋白质、维生素以及多种矿物质，含糖量达15%~20%，丰富的纤维素有助于脂质的新陈代谢。此道菜品清甜软糯，脂肪、碳水化合物含量高，可补充能量，同时起到防治便秘、增强免疫力、保护血管的功效。

烹饪示范视频

其他品类

四状元煲

1 材 料

- **主料** 大白菜200g，大蚝150g，沙爆猪皮100g，豆腐100g。

- **辅料** 腐竹100g，猪五花肉50g，干墨鱼50g，生蒜仔50g，芹菜20g。

- **调料** 味精10g，食用盐10g，胡椒粉2g，上汤200mL。

1 将大白菜洗干净沥干水分、切块，沙爆猪皮泡发后切成菱形块，猪五花肉切片，干墨鱼切条用水浸泡，豆腐切块，切好的原料待用。

2 腐竹、生蒜仔、芹菜均切成段。

3 将大白菜、沙爆猪皮、猪五花肉、大蚝、干墨鱼、豆腐、腐竹放入开水中，烫软立即捞出，摆放入煲中。

4 煲中倒入烧开的上汤，加入蒜仔段、芹菜段，加入味精、食用盐和胡椒粉调味，慢火收汁入味即成。

3 主要营养成分

项目	每100g	营养素参考值（NRV）
能量（kcal）	150	7.5%
蛋白质（g）	13.5	22.5%
脂肪（g）	9.4	15.7%
碳水化合物（g）	4.9	1.6%
膳食纤维（g）	0.4	1.6%
胆固醇（mg）	44	14.7%
钠（mg）	628.4	31.4%
钾（mg）	238.2	12.0%
钙（mg）	38	4.8%
铁（mg）	4	27.0%
锌（mg）	11.4	76.0%

4 主要营养价值

蚝是一种高蛋白、低脂肪、容易消化且营养丰富的食物，具有增强免疫力、补血滋阴等功效。除了大蚝，四状元煲还加入了白菜、猪皮、墨鱼、豆腐等多种食材，口感丰富，味道浓香，蛋白质和铁含量高，营养价值较高。

烹饪示范视频

清炖三石汤

材料

- **主料** 鲍鱼500g，石螺100g，石斛20g。

- **辅料** 猪瘦肉100g，三七10g，姜10g，葱10g。

- **调料** 食用盐10g，味精5g，胡椒粉1g，料酒5mL。

① 将鲍鱼宰杀，去除不可食用部位，将鲍鱼肉与鲍鱼壳擦洗干净。石螺敲破，猪瘦肉切丁待用。

② 将鲍鱼肉、鲍鱼壳、石螺、猪瘦肉丁冷水下锅，加入姜、葱、料酒，分别焯水后捞出洗净待用。

③ 把处理好的原料和洗净的石斛放入炖盅内，加沸水盖好，隔水炖60min后加食用盐、味精、胡椒粉调味即成。

④ 食用时投入三七。

3 主要营养成分

项目	每100g	营养素参考值（NRV）
能量（kcal）	95	4.7%
蛋白质（g）	12.7	21.2%
脂肪（g）	1.5	2.5%
碳水化合物（g）	8.3	2.8%
膳食纤维（g）	2.1	8.4%
胆固醇（mg）	194	64.7%
钠（mg）	1876.7	93.8%
钾（mg）	144.3	7.2%
钙（mg）	500	62.5%
铁（mg）	16.4	109.3%
锌（mg）	2.34	15.6%

4 主要营养价值

鲍鱼含有丰富的蛋白质，还有较多的钙、铁、碘、维生素A等营养成分。加上石螺与石斛炖汤食用，汤清味浓，含有丰富的蛋白质、铁、钙，补铁营养价值高，同时具有养胃生津、明目平肝的功效。

烹饪示范视频

香酥紫菜饼

1 材 料

- **主料** 紫菜30g，鱼肉制成的鱼胶100g。

- **辅料** 猪白膘肉20g，马蹄肉20g，韭黄20g，鸡蛋清0.5个。

- **调料** 胡椒粉1g，食用盐0.8g，味精0.5g，生粉5g，食用油800mL（约耗100mL）。

2 烹饪方法

1. 将韭黄、马蹄肉分别切成末，挤干水分。猪白膘肉切成细丁待用。

2. 将韭黄、猪白膘肉、马蹄肉、鱼胶、鸡蛋清、味精、食用盐、胡椒粉调味搅拌均匀，摔打起胶。

3. 紫菜切去边缘，切成正方形，把鱼胶均匀地涂在紫菜上，表面拍上少许生粉。

4. 起锅用中火烧热油至150℃，放入紫菜饼，炸至金黄色捞出，控干油分。

5. 紫菜饼改刀切成2cm×5cm的长条形装盘即成。

3 主要营养成分

项目	每100g	营养素参考值（NRV）
能量（kcal）	765	38.1%
蛋白质（g）	1.3	2.2%
脂肪（g）	82.6	137.7%
碳水化合物（g）	4	1.3%
膳食纤维（g）	0.6	2.4%
胆固醇（mg）	3	1.0%
钠（mg）	73.6	3.7%
钾（mg）	70.5	3.5%
钙（mg）	56	7.0%
铁（mg）	4.7	31.3%
锌（mg）	1.7	11.3%

4 主要营养价值

紫菜营养丰富，富含蛋白质以及碘，此外还含有多糖、胆碱、甘露醇、多种维生素和钙、铁等矿物质。此道菜品主要食用紫菜与鱼胶，加上马蹄、韭黄、鸡蛋等，铁的食物营养质量指数（INQ）大于1，补铁营养价值高，同时有利尿降脂、预防甲状腺肿大等功效。

烹饪示范视频

八宝冬瓜盅

材料

- **原料** 冬瓜1个（约2.5kg），鲜虾仁30g，鸡胸肉30g，蟹肉30g。

- **辅料** 鲜草菇30g，鲜鱿30g，笋花30g，莲子30g，干贝10g，鸡壳1个，芹菜5g，火腿10g。

- **调料** 食用盐3g，味精2g，胡椒粉0.5g，上汤1000mL。

① 将冬瓜按7：3比例切成瓜盅和底座，盅口四周用中号V形刀雕成波浪形，挖去瓜瓤，在瓜皮上用雕刻刀刻上各种花鸟虫鱼或字体等图案，放进开水锅中浸煮5min，捞起过冷水，以保持瓜皮的青翠。

② 将鲜虾仁、蟹肉、鲜草菇、鸡胸肉、鲜鱿切成15mm大小的粒。芹菜、火腿切成幼粒。

③ 取鸡壳切块焯水后放入瓜盅中，加上汤上蒸笼用中火蒸15min。

④ 将八宝料（鲜虾仁、蟹肉、鲜草菇、鸡胸肉、鲜鱿、笋花、干贝、莲子）分别焯水。

⑤ 把瓜盅中的汤放入锅中，取出鸡壳，加入八宝料煮成清汤，再加入食用盐、味精调味，装入瓜盅内，撒上芹菜粒、火腿粒、胡椒粉即成。

③ 主要营养成分

项目	每100g	营养素参考值（NRV）
能量（kcal）	17	1.0%
蛋白质（g）	0.9	1.5%
脂肪（g）	0.3	1.0%
碳水化合物（g）	2.7	1.0%
膳食纤维（g）	0.7	2.8%
胆固醇（mg）	4	1.3%
钠（mg）	49.5	2.5%
钾（mg）	71.7	3.6%
钙（mg）	13	1.6%
铁（mg）	0.1	1.0%
锌（mg）	0.16	1.1%

④ 主要营养价值

冬瓜含水量丰富，含膳食纤维、维生素B₁、维生素B₂、维生素C、胡萝卜素、烟酸以及多种矿物质，属于低脂、低钠食品。此菜品加入鸡胸肉、蟹肉、草菇、鲜鱿、笋花、莲子等，营养成分丰富，脂肪、热量较低，有助于瘦身健体。

烹饪示范视频

老菜脯香粥

1 材料

- **主料** 老菜脯75g，猪肉末50g，大米100g。

- **辅料** 草菇75g，芹菜末20g，姜10g。

- **调料** 味精5g，食用盐4g，胡椒粉2g。

① 将大米浸泡10分钟。

② 将草菇去蒂后清洗干净，剁碎。老菜脯切丁，姜切末待用。

③ 砂锅烧水，水开放入大米，烧开后转小火熬煮20min，放入老菜脯丁。

④ 猪肉末加入姜末，打入少许清水后缓缓倒入砂锅中，加入草菇碎，用味精、食用盐、胡椒粉调味。

⑤ 食用时撒入芹菜末即可。

3 主要营养成分

项目	每100g	营养素参考值（NRV）
能量（kcal）	151	7.5%
蛋白质（g）	7.3	12.2%
脂肪（g）	1.1	1.8%
碳水化合物（g）	27.7	9.2%
膳食纤维（g）	1.5	6.0%
胆固醇（mg）	12	4.0%
钠（mg）	1554.3	77.8%
钾（mg）	241.8	12.1%
钙（mg）	24	3.0%
铁（mg）	1.8	12.0%
锌（mg）	1.3	8.7%

4 主要营养价值

老菜脯淀粉酶含量很高，且热量较低，膳食纤维、钙、磷、铁、钾、维生素C以及叶酸的含量较高。老菜脯煮粥是一道潮州特色粥品，可补充能量，钾、铁含量高，同时具有消食通便、调节血压、补充维生素等功效。

烹饪示范视频

附
录

一、食物基本营养要素

营养素为维持机体繁殖、生长发育和生存等一切生命活动和过程，需要从外界环境中摄取的物质。营养素必须从食物中摄取，能够满足机体的最低需求。来自食物的营养素种类繁多，根据其化学性质和生理作用可将营养素分为七大类，即蛋白质、脂类、碳水化合物、矿物质、维生素、水和膳食纤维。根据人体对各种营养素的需要量或体内含量多少，可将营养素分为宏量营养素和微量营养素。

1. 能量

能量，又称热量、热能。人体的一切生命活动都需要能量。新陈代谢是生命活动的基本特征，包括物质代谢和能量代谢。物质代谢分为同化作用和异化作用：生物体把从外界环境中获取的营养物质转变成自身的组成物质，称为同化作用（又称合成代谢）；生物体把自身的一部分组成物质加以分解，并且把分解的终产物排出体外的过程，称为异化作用（又称分解代谢）。生物体在进行物质代谢的同时，也在进行着能量的转换。在同化过程中，以合成自身成分的方式将能量贮存起来；在异化过程中，分解自身成分释放出能量，这种能量转换称作能量代谢。

2. 蛋白质

蛋白质的基本构成单位为氨基酸，是由许多氨基酸以肽键连结在一起，并形成一定的空间结构的大分子。

存在于自然界的氨基酸有300多种，但组成人体蛋白质的氨基酸只有20种。组成人体蛋白质的20种氨基酸中，其中一部分人体不能合成或合成速度不能满足人体需要，必须由食物供给的，称为必需氨基酸。正常成人的必需氨基酸有九种，即异亮氨酸、亮氨酸、赖氨酸、蛋氨酸、苯丙氨酸、苏氨酸、色氨酸、缬氨酸、组氨酸。组氨酸对婴幼儿是必需氨基酸。人体对必需氨基酸的需要量随着年龄的增加而下降。

3. 脂类

脂类包括脂肪和类脂，是不溶于水而溶于有机溶剂的一类化合物。其中脂肪的主要成分为脂肪酸。将人体不能合成，必须由食物供给的脂肪酸，称为必需脂肪酸。如$n-6$系的亚油酸（LA）和$n-3$系的亚麻酸（LNA），亚油酸可衍生多种$n-6$不饱和脂肪酸，如花生四烯酸。亚油酸在体内可转变成亚麻酸和花生四烯酸，故亚油酸是最重要的必需脂肪酸。亚麻酸也可衍生多种$n-3$不饱和脂肪酸，包括二十碳五烯酸（EPA）和二十二碳六烯酸（DHA）。

4. 碳水化合物

碳水化合物是含醛基或酮基的多羟基碳氢化合物及其缩聚产物和某些衍生物的总称，是提供人体热能的重要营养素。碳水化合物是生物世界三大基础物质之一，也是自然界最丰富的有机物。食物中碳水化合物的合成主要源于植物体内的光合作用生成碳水化合物。在不同的国家或同一国家不同的个体和人群，碳水化合物摄入有着很大的差别，分别占总能量的40%~80%。碳水化合物摄取水平的不同，导致饮食结构的差异，这种差异对人体健康有着重要影响。

碳水化合物的主要功能是为人体提供能量，是三大营养素中最廉价的营养素，是人体获得能量的主要来源。

5. 矿物质

人体内除去碳、氢、氧、氮以外的元素称为矿物质，包括无机食用盐和微量元素。它们本身并不供能，主要在构成人体的物质和调节体内生理、生化功能方面发挥着重要作用。

占人体总重量0.01%以上者称为常量元素，包括钙、磷、镁、钾、钠、氯、硫7种。占人体总重量0.01%以下者称为微量元素。其中必需微量元素包括铁、碘、锌、铜、硒、钼、铬、钴，共8种，此外，氟属于可能必需的微量元素。其中铁、碘、锌缺乏症是全球最主要的微量营养素缺乏病。

6. 维生素

维生素是维持人体正常生命活动所必需的营养素，有14种。根据它们的特点将其分为脂溶性维生素和水溶性维生素。脂溶性维生素是指不溶于水而溶于脂肪及有机溶剂中的维生素，包括维生素A、维生素D、维生素E、维生素K四种，水溶性维生素是指可溶于水的维生素，主要有B族维生素和维生素C。

7. 膳食纤维

膳食纤维是指10个和10个以上聚合度的碳水化合物聚合物，且该物质不能被人体小肠的酶水解，对人体有健康效益。膳食纤维包括纤维素、半纤维素、木质素、果胶、树胶和植物粘胶、藻类多糖等。另外，功能性低聚糖（低聚果糖、低聚半乳糖等）、抗性淀粉也普遍被认为属于膳食纤维。

膳食纤维主要来自植物细胞壁成分，按溶解性可分为可溶性和不溶性膳食纤维。

二、食物营养价值评定指标

1. 食物营养质量指数（INQ）

食物营养质量指数（Index of Nutriton Quality，INQ）是评价食物营养价值的指标之一。INQ是1979年由营养学家汉森（Hansen）等人针对美国公众当时膳食营养存在的能量摄入过剩问题而推荐使用的一种评价食物营养价值的指标。INQ数值实际上是反映了食物中单位能量所对应的某营养素的含量高低。

某种食物中某种营养素的INQ=该食物某种营养素密度／该食物能量密度

在以上公式中，该食物某种营养素密度为100g的食物某种营养素含量除以相应营养素的推荐（或适宜）摄入量，该食物能量密度为100g的食物提供的能量除以能量需要量；能量需要量和相应营养素的RNI（或AI）参见《中国居民膳食营养素参考摄入量（2022）》；一般以轻度身体活动水平的成年男子的参考摄入量为标准来计算。

一般来讲，INQ=1，说明该食物中该营养素与能量供给可使该个体营养需要达到平衡；INQ>1，说明该食物中该营养素的供给量高于能量供给，营养价值高；INQ<1，说明该食物中该营养素的供给量低于能量供给，营养价值低，如果长期、单一地食用此食物，可致该营养素不足或能量过剩，需要控制能量摄入的人不适合长期选择此类食物。INQ法评估各种（类）食物的营养质量很直观，优点在于它可以根据不同人群的需求来分别进行计算，因为同一食物对不同人的营养价值是不同的。在减肥和其他需要控制能量摄入的过程中，它便于营养师指导营养学知识比较缺乏的人群，借助INQ值大小来选择那些相同能量所对应某营养素高的食物，且有利于防止过多摄入能量。因此，食物中产生能量的脂肪和碳水化合物不适合用INQ计算与评价。对于处于生长发育和特殊生理阶段的人群（比如孕妇、儿童等）也不适合根据INQ选择食物。同时，INQ也不适于日常生活中对某种营养素每日摄入量的精确计算和营养食谱的编制。

2. 营养素占营养素参考值（NRV）的百分比

中国食品标签营养素参考值（Nutrient Reference Values，NRV）是以中国居民营养素参考摄入量（DRIs）为依据制定的，专用于食品营养标签上比较食品营养素含量多少的参考标准，是消费者选择食品时的一种营养参照尺度。基于中国居民和其他国家居民的饮食结构不同，在《食品

安全国家标准　预包装食品营养标签通则》（GB 28050—2011）中，颁布中国食品标签营养素参考值（如下）。

中国食品标签营养素参考值（NRV）

营养成分	NRV	营养成分	NRV	营养成分	NRV
能量[a]	8400kJ	维生素B_1	1.4mg	磷	700mg
蛋白质	60g	维生素B_2	1.4mg	钾	2000mg
脂肪	≤60g	维生素B_6	1.4mg	钠	2000mg
饱和脂肪酸	≤20g	维生素B_{12}	2.4µg	镁	300mg
胆固醇	≤300mg	维生素C	100mg	铁	15mg
碳水化合物	300g	烟酸	14mg	锌	15mg
膳食纤维	25g	叶酸	400µg DFE	碘	150µg
维生素A	800µg RE	泛酸	5mg	硒	50µg
维生素D	5µg	生物素	30µg	铜	1.5mg
维生素E	14mg α-TE	胆碱	450mg	氟	1mg
维生素K	80µg	钙	800mg	锰	3mg

[a] 能量相当于2000kcal；蛋白质、脂肪、碳水化合物供能分别占总能量的13%、27%与60%。

在营养标签上，以营养素含量占NRV的百分比（NRV%）标示是营养成分表的重要内容之一。某营养素含量占NRV的百分比（NRV%）的计算公式为：

$$NRV\% = X/NRV \times 100\%$$

其中，X为食品中某营养素的含量；NRV为该营养素的营养素参考值。

三、潮州上汤

上汤是潮州菜厨师烹调时常用的不可或缺的调味汤料。在烹调过程中，大多用上汤代替水，直接将上汤加入菜品或汤羹中，使菜品或汤羹的味道更加浓郁或清口淡爽，使菜品味美鲜香。

上汤之所以有如此"神奇"的调味作用，主要在于其讲究的选料以及繁复的加工过程。厨师们要精挑细选吊上汤的食材，精准把握急、慢火候，经过及时去沫和长时间熬煮后制成上汤，再将汤储存以备烹饪菜品时使用。

制作上汤的过程主要可分为选料、备料、初加工、制汤等步骤。

1. 选料

原料是制好上汤的关键。散养2年以上的老鸽香味更佳，散养3年以上的老母鸡鲜味更浓，瑶柱要选用70~80头/斤的上等瑶柱。

2. 备料

净老母鸡3000g、净老鸽1500g、精瘦肉500g、猪脊骨1000g、猪蹄1000g、猪皮500g、鸡爪500g、瑶柱50g、清水（或纯净水）30L、罗汉果10g、桂圆干肉10g、老姜50g、葱50g、料酒50mL。

3. 初加工

在制汤前，需对一些原料进行初加工。老母鸡和老鸽均要去掉外皮并剁成块，去皮的作用在于避免汤汁浑浊，否则达不到清澈透明的效果。猪蹄、猪脊骨、精瘦肉需剁成块，将这些原料与鸡爪、猪皮、老姜、葱、料酒一起放入沸水锅里余水，捞出洗净并除去葱、姜等杂质。瑶柱清洗干净。

4. 制汤

取汤桶，放入已余水并清洗干净的全部原料，注入烧开的清水。待大火烧沸后，撇去浮沫转小火吊制约8h，待桶内的汤汁只剩下约15L时，用纱布滤净杂质，打去汤面上的浮油即成。注意制汤时必须用小火吊制，火力过大会使汤汁变得浓稠和浑浊。

[1] 冯胜文. 烹饪原料学[M]. 上海：复旦大学出版社，2011.

[2] 赵廉. 烹饪原料学[M]. 北京：中国纺织出版社，2008.

[3] 陈蔚辉，彭珩. 潮菜原料学[M]. 广州：暨南大学出版社，2017.

[4] 孙桂菊，李群. 护理营养学[M]. 南京：东南大学出版社，2013.

[5] 陈锦荣. 潮州食疗宝典[M]. 北京：中国戏剧出版社，2006.

[6] 韦莉萍. 公共营养师[M]. 广州：广东人民出版社，2016.